熊清华 著

奇石物语

中华书局

图书在版编目(CIP)数据

奇石物语/熊清华著. —北京:中华书局,2014.9
(2015.3 重印)
ISBN 978 – 7 – 101 – 09975 – 1

Ⅰ.奇… Ⅱ.熊… Ⅲ.观赏型 – 石 – 鉴赏 – 中国
Ⅳ.G894

中国版本图书馆 CIP 数据核字(2014)第 023563 号

书　　名	奇石物语	
著　　者	熊清华	
责任编辑	林玉萍	
出版发行	中华书局	
	(北京市丰台区太平桥西里 38 号　100073)	
	http://www.zhbc.com.cn	
	E-mail:zhbc@ zhbc.com.cn	
印　　刷	北京瑞古冠中印刷厂	
版　　次	2014 年 9 月北京第 1 版	
	2015 年 3 月北京第 2 次印刷	
规　　格	开本/700 × 1000 毫米　1/16	
	印张 14½　字数 100 千字	
印　　数	5001 – 7000 册	
国际书号	ISBN 978 – 7 – 101 – 09975 – 1	
定　　价	49.00 元	

开篇絮语

　　我曾生活在大山的怀抱，对石头有着天然的感情；我曾生活在江河的岸边，对奇石有着无限的眷念。的确，无论是一般的石头，还是在大自然的搬运、打磨中形成的奇石，都曾在我幼小的心灵里留下了深深的烙印。后来，随着阅历的增长，我无疑也增加了对石头、对奇石的认识，奇石也陪伴着我在人生旅途上一路走来。

　　20世纪末，中国人的生活得到极大改善之后，赏玩石成为了一种新的时尚。21世纪之初，石文化得到了相当的普及，并进入了寻常百姓之家。此时，我在云南省保山市任主要领导，面对滔滔的怒江、澜沧江水，看着江边沙滩上堆着的无数"宝贝"，心中泛起了儿时那种无边际的遐想，眼中充满了于江边群众来讲可以提升素质、增加收入的希望之光。于是，我和我的几个同事，还有身边的工作人员，每逢闲暇之时，就带领大家赏玩石头，耐心地告诉当地百姓哪些是有价值的奇石，告诉他们捡拾回来出售就能增加收入。于是，在怒江边、澜沧江边一时捡石成风。当然，捡拾回来的石头没有交换变不成收入，而交换得有个场所，后来，在当地区、乡政府的协调下，很快在怒江边形成了一个不小的、后来还远近闻名的"怒江奇石市场"。直到高速公路开通,改变了人流走向,这个奇石市场才慢慢萎缩。

一个赏玩石的小市场萎缩了,而一个个更大的民间的赏玩石市场诞生了。也正是在这个时段,全国区域间的一个个赏玩石市场如雨后春笋,得到较快的发展,并通过互联网等手段相互连接。随着互联网的发展,网上介绍、推介、交易也应运而生,并不断深入和扩展开来。随着喜欢奇石的人越来越多,奇石鉴赏水平越来越高,奇石交易也越来越频繁,于是在一些有条件的地方形成了赏玩石协会一类的组织,同时,还催生了诸如昆明"泛亚石博会"这样一批大型会展活动。这大概就是近十余年来奇石的命运之路,也是近十余年来赏玩石发展的大体脉络。它昭示着人们回归自然、崇尚自然的本体意识的回归,昭示着人们解放自我、崇尚真美的素质、能力和水平的提升。

基于这样一些事实、现象,我萌发了写一本对石头特别是对奇石的认识和心得体会的书籍的念头,经过几年的思考和准备,尤其是在拙著《解码翡翠》一书面世后大家给予的鼓励,加速了这本《奇石物语》的完成。可以说,相对于许多奇石界同仁的鸿篇巨著,这本书肯定是不完美、不尽如人意的,甚至可能还会有诸多纰漏或错误,敬请读者诸君批评指正。

在成书过程中,云南大学茶马古道研究中心的木霁弘教授、李维副教授在讨论提纲,收集、查证资料方面给予了大力支持;挚友李建江先生也在百忙中抽空帮忙查询了一些古文资料;青海省军区原司令员、奇石专家兰仲杰先生在收集、提供照片上给予了无私的帮助,这些照片为拙著增色不少;《商务风》杂志的林怡杉总编和她的团队为本书做了大量卓有成效的工作；责任编辑林玉萍在出版过程中付出了艰苦劳动；还有我的家人、亲戚、朋友和中央党校的同学给了我极大的支持、鼓励和鞭策。在此，我一并表示发自内心的感谢！向各位致以敬意！

目　录

第九章　诗美石韵

石破天惊

第一章

一、奇石之美

在一定意义上说，石头是地球最早的居民。它得天地之灵气，蕴于山水之间。作为大自然对一切生命厚爱的象征，石头为人类和其他生物的生活舞台提供了基础。石头有其外在表象之美，亦有其内在精神之美。

奇石，又称观赏石、雅石、供石、石玩、怪石、美石、巧石等等，日本称之为水石，韩国称之为寿石，都是指不事雕琢，本身就具有自然美感的石头，一般都具有独特的形态、色泽、质地、纹理，因此具有较强的观赏、收藏和科研价值。总体上说，包括天然的、比较奇特的矿物晶体、岩石和化石等。从本质上讲，奇石都是经过大自然的洗炼而形成的自然艺术品，因此，依靠人工雕琢出现的石雕、石刻、石砚、石印章等工艺品都不能称为奇石。

1. 泛石文化的普遍性

泛石文化，即普遍意义上的石文化。人类在远古时代就对石头的实用性和外在的形态已十分着迷，他们用石头演绎了许多优美的故事。我们从浩如烟海的历史文献中可以反复看到，人类的祖先从旧石器时代的打制石器，到新石器时代的磨制石器；从营巢穴居时期简单地利用石头为建筑材料，到现代化豪华建筑中大量应用花岗岩、大理石为装饰材料；从出土墓葬中死者的简单石制饰物，到后来的精美石雕和宝石玉石工艺品……可见，各种石头伴随着人类从蛮荒时代逐步走向现代文明，直至久远的未来。因而古今中外一切利用石头的行为及其理论，就构成了石文化的基本内容。从这个意义上说，石文化是全人类所共有的。

2. 奇石的表象美与内涵美

所谓奇石，顾名思义就是奇特的石头。奇石之所以奇，很大程度上就在于它不仅具有表象之美，而且还有着内涵之美。在中国的传统文化中，石是灵性、智慧和坚定的象征，诸如"精诚所至，金石为开"、"石破天惊"、"坚如磐石"、"石性坚重"等词语，皆表

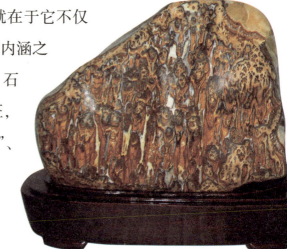

现出了石之品质和品性。因此,赏石便让人联想到远古、悠长、永恒、不朽等内涵。由此看出,我国乃至整个东方的奇石文化比较注重人文内涵和哲学理念,有比较抽象的理性概念和人格化的感情色彩,观赏主体往往丰富多样,实际上是东方民族传统文化(感情、哲理、信念和价值观)在赏石领域中的折射、反映与延伸。可见,石头,特别是奇石,又具有了其精神层面的文化内涵之美。

当然,西方的赏石文化并非不具有这些审美元素,只不过相比之下,西方的奇石文化更重视科学性的特征,集中表现在某些科学技术的基本知识在具观赏价值的自然物(石头)方面的展示和印证。

二、奇石分类

奇石者,就是奇怪、奇异之石头。虽然目前分类方法很多,而且各执一词,但我认为,可大致从质奇、形奇、色奇、声奇、来历奇等方面进行分类。质奇,譬如各种近似于宝石、玉石类质地的石头,多已玉化,但还非宝石、非玉石;形奇,譬如各种可以用来把赏的雅石、大型观赏园林石等;色奇,譬如传说中女娲补天时炼就之五彩石、彩石及纹石;声奇,譬如可制乐器之磬石;来历奇,譬如来历久远的化石、来路遥远的陨石、来自宗教圣地的神石等。凡此种种天然奇异之

石，皆可称为奇石。

　　奇石还可从地质学上，理论性地分为矿物晶体类奇石、岩石类奇石、化石类奇石等种类。这种划分比较简洁、科学，我比较推崇这种划分方法。

1. 矿物晶体类奇石（观赏石）

　　晶体不是一种罕见的东西，而是一种很常见的物质，只不过可称为神秘的是，自然界凡属晶体的物质均为有整齐规则的几何外形。现代自然科学表明，自然界的冰凌、雪花及土壤、沙子和岩石中的各种矿物，以至我们通常吃的许多药品、盐巴，都是有整齐规则的几何外形的晶体。由此，最初人们把具有天然几何多面体外形的矿物称为晶体，当然，这是狭义的晶体。具有规则的几何多面体外形，是一种外部现象，并不是晶体的本质。晶体的本质，是晶体内部呈格子构造的具体原子或离子在空间分布具有的规律性，而非晶质体则是指内部原子或离子在三维空间不呈规律性重复排列的固体。晶体和非晶质体不是绝对对立的，它们在一定的条件下可以相互转化，由晶体转变成非晶质体，称为非晶化或玻璃化；由非晶质体转变为晶体，称为晶化或脱玻化。

所有的矿物都是晶体。人们认识晶体，也正是首先从认识矿物晶体开始的。

所谓矿物，就是天然产出的单质或化合物，它们各自都有相对固定的化学组成和确定的内部结晶构造，通常由无机作用形成，在一定的物理化学条件范围内性质稳定。矿物是组成岩石和矿石的基本单元。在众多的矿物晶体中，人们大体以化学成分、物理性质、形态、产地、人名等来给具有相同的化学组成和晶体结构的某一种矿物命名。根据形态不同来命名的有方柱石、十字石等，如方柱石的晶体形状呈四方柱状，而十字石的双晶常呈十字形或 X 形。以物理性质来命名的有橄榄石、电气石等。不同的矿物晶体石在硬度和韧性上又有不同，比如黄玉的硬度为摩氏 8 度，石英的硬度为摩氏 7 度，而石英的韧性为 7.5 级，黄玉的韧性只有 5 级。再如长石的硬度为摩氏 6 度，比黄玉低，但长石的韧性为 5 级，与黄玉的韧性级别相同。由此可见，矿物的韧性和脆性不成正比关系，也无内在联系。

矿物的晶体形态有单形和聚形之分，单形是由形状相同、大小相等的晶面组成，如立方体、八面体、菱形十二

面体等。矿物晶体在自然界可形成繁杂多样的形态，其单晶形态有四万种之多。矿物晶体总是存在一定的对称性，即晶体中相同部分有规律的重复，对称要素有点、线、面。根据不同的对称要素组合成体，仅晶体即可归纳出约三十种对称型，但是属于同种对称型的晶体，其外形又不一定相同。如果只考虑几何形态，几何上不同的单形则有四十七种。其中，低级晶族的单形有七种，中级晶族的单形有二十五种，高级晶族的单形有十五种。当然，目前常见的单形晶体仅十五种。矿物晶体的生长往往是按它的结晶习性形成规则的单形，多数矿物结晶单形有三至五种，有的达到十多种，少数矿物如方解石、石英的单形则有几十种。

在自然界，还有一类晶形是由两个以上的形状、大小都不同的单形聚合物构成，这类晶形称为聚形。一般说来，矿物晶体呈单形出现的比较少，多数是以聚形出现。聚形多由许多个单形聚合而成。要认识聚形，首先得辨认出这个聚形是由哪些单形构成的。在一个聚形中，同一个单形的各晶面具有相同的性质，单形不同，性质也就不同。另外，同种矿物的单晶有规律地连生在一起的称为双晶，如石英晶体中的巴西双晶、日本双晶、道芬双晶，斜长石晶体中的聚片双晶，石膏晶体中的燕尾双晶等。双晶矿物具有较高的收藏价值，是石玩中具有较好前景的领域之一。

矿物的形态是矿物最显著的外表特征之一，它取决于矿物的化学成分及其内部构造，但也受一定的外界环境如温度、压力等的影响。即使同一矿物也可以形成各种不同的形状。但是，在一定的条件下，每一种矿物都有它习见的形态，这一性质被称为矿物的结晶习性。如方解石在理论上具有七种单形，但它的聚形现已发现多达三百多种。当然，最常见的单形为菱面体、六方柱体和复三方偏三角面体等三种。它们在不同温度条件下的结晶习性，是随着温度的变化而变化的。因此，在收藏和赏玩这类石种时，还要考虑到这些习性。

最后还应把握的是，晶形是矿物晶体的重要鉴赏内容，也是鉴定矿物的重要依据。矿物晶体的完整性、颜色、透明度等也是鉴别矿物晶体类奇石品质优劣的不可或缺的因素。

2. 岩石类奇石

奇石中的造型石、纹理石、图案石、陨石、火山弹等，应该说都属于岩石类奇石。此类奇石品种和数量较多。地质学上的岩石，即人们俗称的石头，但两者又不完全相同，例如煤，在一般意义上说它不属于石头，而在地质学上，它则属于岩石，是沉积岩的一种，被称为煤岩或可燃有机岩。

岩石是指由地质作用形成的，具有一定结构、构造的矿物集合体，它是组成地壳的固态物质。一般说来，岩石和矿石是人为划分的，它们都是矿物的集合体。当岩石中所含的有用矿物或可被利用的元素达到了工业品位要求，且能被开采利用，便是矿石。此外，它还与时间的推移和科技水平的提高有着密不可分的关系，随着科学技术的进步和矿产资源的减少，现在的岩石，将来可能也就是矿石。

自然界的岩石种类繁多，但按成因又可再分为岩浆岩、沉积岩和变质岩三大类。

研究岩石类奇石，一方面要认识岩石的物质成分；另一方面还要了解岩石的构成方式，即这些物质成分是怎样构成岩石的。当然，结构和构造一般也就反映了岩石构成方式上的特征。

岩石的结构是指岩石中物质成分的结晶程度、矿物颗粒大小、形状以及彼此间的相互关联。岩石的结构种类非常多，例如他形细粒结构、球粒结构、隐晶质结构、碎裂结构等等。

岩石的构造是指岩石中矿物的排列方式及空间分布。岩石的构造种类也是非常之多，如块状构造、片状构造、层理构造、板状构造等。

　　常见岩石类奇石的石质有玄武岩、花岗岩等。从有记载的石玩历史起至今，大家比较熟悉的太湖石、灵璧石、英石、昆山石、黄河石、三峡石、漓江石、长江石、金沙江石等等，都是岩石类奇石。

　　这类奇石质地有异，但形态、纹理很美，精美者能在自然界找到它的原形，可谓浑然天成，美不胜收。此类石种之奇石，具有极高的观赏价值、收藏价值。

3.化石类奇石

化石是地质历史时期埋藏在沉积地层里的古生物遗体或活动痕迹。古生物和现代生物，一般以距今约一万二千年前的全新世开始为分界，即全新世以前的为古生物，从全新世起至今的为现代生物。

古生物化石又可以分为实体化石和遗迹化石。实体化石是指由古生物遗体本身形成的化石，它们主要是由易于保存的生物体中较坚硬的部分，如无脊椎动物的外壳、脊椎动物的骨骼、植物的木质纤维等石化而成。而遗迹化石则是指古生物生活、活动时留在沉积地层表面或内部的痕迹或遗物的石化物，如足迹、虫孔、卵生动物的蛋化石等。若再细分的话，也有将古生物遗体留在沉积地层中的印痕单独化作一类的，被称为印模化石。

在对奇石的地质学的定义上，我们引入宝玉石中的摩氏硬度的概念，它可以比较科学地测定奇石的硬度，而硬度是石玩的一项基本属性要求。

摩氏硬度以十种具有不同硬度的矿物作为标准，构成摩氏硬度计（见下表）。

附表：摩氏硬度计（单位：度）

标准矿物	滑石	石膏	方解石	萤石	磷灰石	正长石	石英（水晶）	黄玉	刚玉（红宝石）	金刚石（钻石）
硬度	1	2	3	4	5	6	7	8	9	10

注：引自柯杜阿·威廉姆斯·S《矿石和岩石的硬度》，载《宝石文摘》·C1990。

不同种类的奇石有不同的特点，但从总体上进行考量，奇石具有四大共同的特性：

（1）天然性

奇石之美，贵在天然。这是本质的要求。上乘之奇石，多为基本保持原始产出形态的天然石，否则就划入了石材的范畴。

（2）艺术性

艺术之美是奇石之美的意韵延伸。奇石本身造型精妙、

纹理奇特，通过赏石人与奇石的互动，自然会产生出无穷之艺术联想。石不能言实可言，人石可对话，即是从这个意义上说的。

（3）稀有性

因奇石的天然性特征，使得它必然是一种稀少资源，可谓取一件少一件，故而奇石之原石种类越稀少则越珍贵。一般说来，它是以自己所独有之质地及纹理来显示其价值的。

（4）科学性

奇石有着不同于普通石头的特质，主要就是因为在其生成过程中的特殊天工造化，它们能够反映某一阶段或某一领域曾经的可供科研的事件和事实。

这四点特征，是奇石的共同性常识，赏玩石者熟练地掌握它、运用它，可以使我们在具体实务中更加主动，更加自觉。

三、奇石雅称

我认为，奇石所以能够成为"奇石"，是附着了人类的很多主观因素的，奇石有许多欣赏者赋予的雅称。所谓"雅称"，就是人们对某一事物、物件的别称，一般来说，它是源于原本的称号而又扩大或延伸了的新的称呼，它有高深、典雅的意蕴，是文化构造的基本元素。

据查，昔日常常在书面见到的石头的特殊称谓就有奇石、文石、怪石、异石、美石、雅石、寿石、水石、石玩、石供、彩石等多种，而每一种雅称又都有着自己特定的时代、地域和文化内涵，非常值得玩味。

奇石：此称谓乃中国古代论石著作中应用最广泛者。唐武宗时著名的嗜石宰相李德裕就写有《题奇石》诗多首。《宋史·外戚传》载，宋真宗时，驸马李遵勖官至镇国军节度使，"所居第，园池冠京城，嗜奇石，募人载送，有自千里至者，构堂引水，环以佳木"。元代陆友《研北杂志》说，当时有一士子张澹岩"好蓄奇石"。直到明清时代仍经常这样称呼赏玩石，如今亦是。

文石：所谓文石，即纹石，指有纹理，而且其纹理代表、象征、隐喻着一定文化现象、文化意蕴和思维空间元素的可以赏玩的石头。仅在《山海经》一书里提到出产"文石"的名山就有八九处之多，如单狐之山、马成之山、天池之山、牡山、瞻诸之山、娄�之山、凤伯之山、暴山等。

怪石：顾名思义，怪石即怪异得既不像普通的石头，又什么也不像的石头。对怪石的最早论述，见于战国时期的地理著作《尚书·禹贡》："岱畎丝、枲、铅、松、怪石。"后人解释："怪石，好石似玉者。"古人说，它的用途主要有两个方面，一是"以为器用之饰"；二是"以为玩好也"。

宋代赵希鹄的《洞天清录·怪石辨》也有类似的叙述："怪石小而起峰，多有岩岫耸秀嵌嵌之状，可登几案观玩，亦奇物也。"

异石：对于异石的论述也较早，在《南齐书·文惠太子传》中，就有"多具异石，妙及山水"的记载。明代，吉水人王佐增补的《新增格古要论》中有《异石论》，详细地讲述了各地出产的异石。

美石：这一称谓首次见于《山海经·东山经》"独山其下多美石"的记载，后来在唐代郑惟中的《古石赋》中有"博望侯周游天下，历览山川，寻长河于异域，得美石而献汉武帝"的论述。苏轼也在《怪石供》中用到这个称谓："今齐安江上往往得美石，与玉无辨，多红黄白色，其文如人指上螺，精明可爱。"自此，后来的人多把美石称谓用于色形俱佳之观赏石。

雅石：此称谓最早在台湾流行，由台湾赏石名家林岳宗提出。林岳宗认为，赏石不仅是观赏其外表的奇特、色彩的绚丽，更应该注重石的图案、纹理所表现的意境美。这一称谓现在在中国赏玩石界也使用得比较广泛。

寿石：这一称谓是在玩石过程中的延伸称谓，如今在韩国非常流行。此称谓最先是由韩国赏石家提出来的，韩国赏玩石界认为，岩石的生命是永恒的，而寿有长寿之意，故得此雅称。

　　水石：此称谓最早在日本流行，日本赏玩石界将室内观赏石分为两类，一类称作"装饰石"，包括色彩石、图案石、抽象石等；一类称作"水石"，包括山水景石、形象石等。在日本，奇石展通常被称作"水石展"，这可能与日本奇石多得自水中有关。

　　石玩：一般指体积较小，可以拿在手中把玩之各种奇石。

　　石供：亦称供石，特指体积较大，无法把玩，需安置于座架或盘中之观赏石。在苏东坡的赏石名篇《怪石供》《后怪石供》中，首次提出了以石为供的概念，后世遂有"供石"、"石供"之称。

　　彩石：此称谓首见于《山海经·西山经》，此书中记载："騩山……凄水出焉，西流注入海，其中多采石、黄金，多丹粟。"后人解释："采石，石有彩色者。"指有美丽花纹之石。如今在台湾亦有人使用此称谓，专指博采众长、内容复杂之奇石。

第二章

自然天成

　　奇石借由自然力的作用，在经年累月下生成自己独有的面貌。奇石的成因一般可以分为内生作用和外生作用。

　　所谓内生作用，是指地球内部热能如放射性元素的蜕变能、地幔及岩浆物质的热能等在地壳不同深处、不同压力、不同温度、不同地质构造条件下进行的岩浆冷却、分异等形成矿物的各种地质作用，包括岩浆作用、伟晶作用、气成热液作用和接触交代作用。

　　所谓外生作用，则是指在太阳能的影响下，在岩石圈上部的水圈、大气圈、生物圈的相互作用过程中，使得在地壳表层的矿物和岩石发生变化的各种地质作用，包括风化作用、沉积作用、搬运作用等。

　　但不管是外生作用还是

内生作用，各类型作用之间在一定条件下是可以相互转化的。奇石的产生可能是由一种作用生成，更可能是大自然在拼尽它所有的力气后才创造出来的奇迹。

一、水成石

1. 水成石的基本成因

水成石的基本成因主要有两种：腐蚀作用和冲刷撞击作用。

腐蚀作用通常是以含二氧化碳的水及地表由植物所产生的有机酸和其他矿物所衍生出来的无机酸共同作用，在富含碳酸盐质的岩石（通常称为灰岩和含碳酸盐质较多的其他岩石）上所形成的腐蚀性化学作用，把岩石腐蚀成千奇百怪的形态和各种各样的空洞，以及披麻状的沟纹，如太湖石、摩尔石、英石、墨石、文石等。

在水成奇石中还有一种情况，那就是在上述作用下，水将钙质溶解在水中后，沿岩石裂隙重新将钙质沉积在其他环境中，比如各类的钟乳石和与其有关的碳酸钙沉积物。在我国南方较潮

湿的自然环境中，这种化学作用更加普遍和强烈，它们几乎每年都在高速进行腐蚀和沉积。

凡被山体所解析分离出来的灰岩个体，在这样的地质环境下，经水蚀（实际以酸蚀为主）作用，就能形成各种各样的奇石。另有一些碳酸盐质的岩石被深埋在红土层发育较好的地方，靠近地表层较近的浅水，在溶解土层里的有机酸和无机酸后，对岩石产生酸蚀作用，也可形成万千变化的赏石，我国著名的赏石灵璧石即以此方式形成。

所谓冲刷撞击作用，就是指地表的动态水包括江、河、湖、海在流动时，尤其是在洪水暴涨时对山体岩石所进行的冲撞、搬运。这种外营力对赏石的形成，也有不可以忽视的作用，堪称"神工妙手"。也就是说，有些赏玩石除了被稀酸常年进行腐蚀作用以外，还有地表水的长距离搬运、摩擦、撞击、打磨等作用，这是同时进行的。我国的红河卵石、黄河石、雨花石、彩陶石及三峡石、金沙江石、雅砻江石等形态的形成皆与此有关。大凡赏玩石，都是在漫长的自然史中短暂的瞬间产物，因此，得到一块好的赏玩石实属不易。

2. 著名水成石

（1）太湖石

太湖石为中国古代著名四大赏玩石之一，因产于我国著名的太湖而得名，是指产于环绕太湖的苏州洞庭西山、宜兴一带的石灰岩，其中以鼋山和禹期山最为著名。白居易曾写有《太湖石记》专门描述太湖石；《云林石谱》中对太湖石专门有记载；北宋末期的"花石纲"中的"花石"也是指太湖石。历史上遗留下来的著名太湖石有苏州留园的"冠云峰"、上海豫园的"玉玲珑"等园林名石。

太湖石属于石灰岩，多为灰色，少见白色、黑色。石灰岩长期经受波浪的冲击以及含有二氧化碳的水的溶蚀，在漫长的岁月里，逐步形成大自然精雕细琢、曲折圆润的太湖石。太湖石为典型的传统供石，以造型取胜，"瘦、皱、漏、透"是其主要审美特征，多玲珑剔透、重峦叠嶂之姿，宜作园林石等。现在还有一种广义上的太湖石，即把各地产的由岩溶作用形成的千姿百态、玲珑剔透的碳酸盐岩石统称为太湖石。

（2）栖霞石

栖霞石因产于江苏南京城东著名的栖霞山而得名，又因其集灵璧石之奇巧、太湖石之瘦漏、崂山绿石之瑰丽、淄博文石之秀雅而闻名于世。栖霞石既有石体如同自然界各种景观缩影的景石，又有纹理巧妙，构成图画的纹理石；既有石体如同天然雕塑的象形石，又有石肌细腻、线条优美、轮廓分明、富含哲理的抽象石等等。栖霞石石质有粗有细，质粗者苍古，质细者清润；颜色丰富多彩，以青、黑色为主，红、黄、白辅之。栖霞石造型浑厚沉稳、古朴典雅，或瘦皱漏透、嵯峨空灵；或峰峦叠嶂、嶙峋俏丽；表层纹理错落有致、深浅有度，凸处滋润光泽，凹处纹理清晰，美不胜收。

（3）景文石

景文石产于浙江溪口镇双河风景区。该石表面自然形成的斑纹构图奇巧，变化万千。景文石主要蕴藏在皖南山区部分山谷河流之中，它和其他观赏石一样，是一种天然石质艺术品，它的艺术性体现在大自然长期鬼斧神工形成的自然美。景文石又名"锦纹石"，它的艺术特色就是"锦纹"，有一种别的奇石难以企及的审美艺术特征，一是图纹色彩较广，二是纹理复杂多变，三是图纹内容十分丰富，四是图纹艺术性妙趣横生。

（4）长江石

长江石的产地很大一部分在四川境内的长江两岸。长江中上游流域广泛分布着大量的沉积岩、火成岩、变质岩。该区域地质构造十分复杂，地貌崎岖，主干支流发育，从而形成了现在的长江道。上游高山的山石经过自然风化，河水搬运，水打沙磨，形成了现在色彩丰富、花纹奇特、品种繁多的长江卵形奇石。长江石资源丰富，据有关专家粗略统计主要石种大类就有二十多种，大都以色艳、质细、意妙、形奇为其特色，雄秀相兼。富有极高的观赏和收藏价值。

长江绿泥石产于四川泸州，属稀有石种，是世界江河卵石类奇石的代表性石种，质地坚硬，手感温润，但有图案者少见。

（5）龙骨石

龙骨石是地壳频繁剧烈变化时形成的，因石头的形态很像动物骨骼，且造型千姿百态，故得名龙骨石。龙骨石产地范围较广，比较集中的地方为重庆巫山县庙宇镇龙坪村、湖南湘西自治州境内的武陵山区等。

（6）武陵石

武陵石产于张家界武陵源一带的山麓上。那里水流湍急，冲击着造山运动时期形成褶皱的山石，久而久之，武陵石受到风化，形成了不规则而且排列有序的竖型洞穴，更多的则像中世纪古罗马的城堡，鬼斧神工的曲线中透着威严和神秘，赢得了赏玩石迷们的一致好评。

二、火成石

1. 火成石之基本成因

所谓火成石，是指火山及岩浆岩在活动中所衍生出来的金属及非金属矿物单体（结晶体），在一定高温条件下与各种类型的矿物共生组合，从而产生的新的晶簇。比如水晶的单晶、黄铁矿、重晶石、辉锑矿、萤石及方解石等，以及它

们所组成的各种晶簇的聚合体。此类晶簇聚合体色彩艳丽，结晶完好，具有较高的观赏价值。

这类奇石不仅可供赏玩，也可为地质科学成矿理论的研究提供基础资料。与此有关的各种矿物交代变质作用所产生的奇石，如河南的牡丹石、梅花玉，山东的崂山绿石，全国各地的玛瑙等等。

在全国和地方历次有规模的赏石展览中，贵州、湖南、江西等地所展出的各类矿物晶簇和单晶的聚合体，晶莹剔透、色彩绚丽，可称得上奇石园中的一朵奇苑。

2.著名火成石
（1）寿山石

寿山石是酸性火山岩蚀变产物。在中生代的今福建省东部，曾出现过一次大的地质变动，火山大爆发，大量岩浆突破地表，带来酸性气体、液体，将周围岩层中的长石类矿物中原先含有的钾、钙、镁及铁等元素进行分解，保留下较为稳定的铝、硅等元素，这些元素溶液重新冷却后结晶成矿。因为主要分布在寿山乡的群山中，所以名为寿山石。

寿山石矿开采较早，距今已有一千五六百年的采掘历史，有上百个品种，它们以产地、矿洞、石品、质地、色相、石农名等命名。

（2）青田石

浙江青田石质属叶蜡石，因其产于浙江省南部的青田县而得名。从地质构造上讲，其矿床仍属于岩浆喷发成因类型，岩浆从地下喷出地表，形成一种含硅、铝较多的流纹岩，再经过漫长地质时期的多次蚀变而成。

青田石种类繁多，根据石性、色泽、透明度不同而分类。微透明、淡青略带黄色的称封门青；晶莹如玉，照之灿若灯光，半透明的称灯光冻。这两种是青田石中的上品。此外，还有鱼脑冻、兰花冻、蓝青田、白果、紫檀等多个品种。

（3）巴林石

巴林石是富含硅、铝等元素的流纹岩石，它也是受到火山溶液蚀变作用，从而发生高岭石化而形成。因主要产自内蒙古自治区赤峰市的巴林右旗大板镇雅玛吐山，因而得名巴林石。

巴林石质地温润，纹理奇特，色泽斑斓，按石质、石性、石色分为福黄石、鸡血石、彩石、冻石四大类。

三、风成石

1. 风成石的生成条件

所谓风成石，指风成作用下形成的奇石，主要是指各类岩石在戈壁大漠风沙吹蚀磨砺下而形成的赏玩奇石，它有着特殊的外貌和天然抛光的光洁度。

戈壁的风沙，常常以 5 米 ~ 10 米 / 秒的速度夹杂着大量的粗细不等的砂粒，对岩石进行滚动式的吹蚀和打磨。再加上戈壁特殊的自然地理环境，昼夜温差极大，夏日白昼地表温度常达 60℃ ~ 65℃，当夕阳西下之后，地表温度却骤然下降至 10℃ ~ 15℃。岩石长期处于剧烈热胀冷缩的恶劣环境中，因而岩石解离崩裂的速率要远远超过一般风化环境，所以风成石处在"优胜劣汰"的条件中，戈壁里相互碰撞的硬度在摩氏 6 度以下的绝大多数岩石被吹磨殆尽，能存活下来的硬度多高于摩氏 6 度。风成石的另一个特点，就是因地处广袤无垠之地，它们都以单体的均匀磨损为主，一般保持原始形态，只不过均匀地缩小而已。

2．著名风成石

（1）丹麻石

丹麻石，因产自位于世界屋脊的青海昆仑山东麓的湟中县丹麻乡而得名。它形成于第四纪滑坡的碎块中，呈现脉状分布，岩石中主要矿物为方解石、褐铁矿、白云石及黏土等。由于铁质含量的变化，基质也呈现从浅黄到棕黄色、褐色的变化。石内花纹有条带状、波纹状、花斑状及不规则弯曲条纹状。其天然纹饰图案类较多，也不少见如同山林江河、敦煌石窟的经典景致。由于丹麻石块度大，上光性好，不仅可切片安在木座上观赏，还可制成屏风、花盆、笔筒、镇纸等等工艺品。

（2）风蚀石

风蚀石，也称戈壁石、风砺石、大漠石、集骨石、风化石、风雨雕、瀚海石等，地理学上称风棱石，是地面上的岩块受到风沙长期吹蚀、磨蚀而形成的具有独特外貌特征的石体。风蚀石色泽丰富，质地多为硅质。其石坚硬光滑，纹理、形状奇特。由于风蚀石密度很大，以物敲击石体突出部分时可以听到金属般的响声。风蚀石因质地不同，又可分为玛瑙质、碧玉质、蛋白石质、石英质、长英质、水晶质、花岗石质等。

风蚀石的纹理以各种花纹或不同色彩组成的动植物图案、人像、文字、风景画等为特点，似像非像。其中，千层

石是风蚀石纹理美的代表，久经风雨侵蚀风化，其石上呈层叠状横纹，层次细密，中间加有石砾层。其颜色呈铁灰色、灰褐色，适宜制作海礁、海岛、沙漠风光的作品。

除此之外，奇石还有古生物化石、陨石等，本书不赘。

第三章

金石为开

一、自然蕴其宝（采石区）

采集奇石有生产性开采和休闲觅石两种方式。其实，采集的最早方式是休闲觅石，它是奇石的第一手来源。

要想觅到好石，首先要知道何处有何石，这样可以少走弯路。另外，也可以在正式觅石前多了解一些背景知识，如什么样的石头需要什么样的工具、到某个地方的路程和交通、必备的资费等。下面主要介绍中国境内的集中产石区及所产奇石。

1. 华北地区

北京：主要出产燕山石、轩辕石、独乐石、房山青石、拒马河石、云纹石、房山太湖石、京西菊花石、桃花玉、瓦井石、虎皮石、钟乳石等。

天津：主要出产蓝藻化石、墨虾石、千层石、独乐石等。

河北：主要出产曲阳雪浪石、涞水云纹石、太行豹皮石、模树石、唐尧石、兴隆菊花石、长城石、承德鸡骨石等。

山西：主要出产历山梅花石、大寨石、垣曲石、黄河石、菊花石等。

内蒙古：主要出产葡萄玛瑙、巴林石、戈壁石、绿牡丹石、木纹石、黄蜡石、木化石、雪豹石、玛瑙石、水晶石、沙漠玫瑰等。

2．东北地区

辽宁：主要出产北太湖石、锦川石、海浪石、辽西化石、煤晶石、阜新玛瑙石、琥珀石、釉岩玉、墨绿石、海城玉等。

吉林：主要出产松花石、陨石、橄榄石、安绿石、长白玉石等。

黑龙江：主要出产莲池火山弹、树化石、陨石、水晶石、奇异蓝宝石、虎眼石、红玛瑙、龙江玉石、墨晶石等。

3. 华东地区

江苏：主要出产雨花石、栖霞石、太湖石、吕梁石、昆石、溧阳石、徐州菊花石、砚山石、茅山石、宜兴石、龙潭石、青龙山石、千层石、竹叶石、锦屏石、镇江石、水晶石等。

浙江：主要出产青田石、昌化鸡血石、锦纹石、天竺石、瓯江石、新昌石、宁海石、瑶琳石、弁山太湖石、金华松石、太湖石、千层石、临安石、常山石、开化石、萧山石、武康石等。

安徽：主要出产腊石、灵璧石、巢湖石、紫金石、景文石、褚兰石、宣城石等。

福建：主要出产寿山石、九龙壁石、硅化孔雀石等。

江西：主要出产庐山菊花石、金星石、潦河石、永丰菊花石、千层石、江州石、袁石、鄱阳石、钟山石等。

山东：主要出产长岛球石、崂山绿石、济南绿石、竹叶石、泰山石、崮山卵石、紫金石、梅石、博山文石、尼山石、燕子石、艾山石、天景石、灵芝石、齐彩石、临朐太湖怪石、沂蒙青石、娑罗绿石、彩云石（红花石）、金刚石、乌刚石、杏山石、黄花石、蒙阴绿石、龟纹石、红丝石、徐公石、莱州石、青州石、金钱石、木鱼石、颜神石、兖州石、鱼化石、硅化石、奇异蓝宝石等。

4. 中南地区

河南：主要出产河洛石、嵩山画石、洛阳牡丹玉石、梅花石、黄河日月石、灵青石、黄磬石、南阳石、北灵璧石、紫石、林虑石等。

湖北：主要出产黄石、孔雀石、渔洋石、三峡雨花石、襄阳石、穿天石、汉江石、黄荆石、堵河卵石、下坪河石、湖北菊花石、方解石、松滋石、黄州石、百鹤石、硅化孔雀石、云锦石、三峡石、震旦角石、菊石、藤纹石、石胆、绿松石等。

湖南：主要出产水冲彩硅石、安化石、武陵石、浏阳菊花石、桃源石、元石、千层石、道州石、桃花石、龟纹石、澧州石、杨林石、梅花石等。

广东：主要出产英石、端石、潮州黄蜡石、阳春孔雀石、花都菊花石、河源菊石、桃花石等。

广西：主要出产大化石、马安彩陶石、贺州黄蜡石、柳州草花石、柳州墨石、三江彩卵石、三江黄蜡石、来宾水冲石、石胆、三江黑卵石、百色彩腊石、天峨卵石、浔江石、运江石、马山石、大湾卵石、灵山花石、安陲青石、桂平太湖石、柳州彩霞石、邕江石、武宣石、空心石、藻卵石等。

海南：主要出产腊石、水晶石、珊瑚石、火山弹等。

5. 西南地区

四川：主要出产泸州空心响石、涪江石、青衣江卵石、泸州画石、泸州浮雕石、泸州雨花石、沫水石、长江绿泥石、长江星辰石、长江石、岷江石、四川金沙江石、黄蜡石、纳溪文石、西蜀石、三峡石、鸡骨石、千层石、宜宾雨花石等。

贵州：主要出产贵州青、乌江石、紫袍玉带石、贵州绿石、盘江石、天然图画石、马场石、清水江绿石、黔太湖石、黔墨石、文石、辰砂石、贵州龙石、海百合石、鸮头贝石等。

云南：主要出产龙泉石、龙陵黄蜡石、巧家石、东川铁胆石、金沙江石、红河石、怒江石、澜沧江石、云南石胆、大理石、水富玛瑙石、绥江卵石、玉龙山石等。

西藏：主要出产西藏绿石、共玉、冰洲石、紫晶石、仁

布玉等。

重庆：主要出产夔门千层石、龙骨石、重庆花卵石、重庆乌江石、龟纹石等。

6.西北地区

陕西：主要出产金香玉、汉江石、陕西石菊石、雪花石等。

甘肃：主要出产西夏风砺石、兰州石、庞龙石、黄蜡石、祁连山石、洮河石等。

青海：主要出产河源黄河石、青海丹麻石、玉树彩纹石、青海星辰石、青海桃花石、松多石、风砺石、昆仑石、湟水石、乌金石、古陶石等。

宁夏：主要出产黄河石、宁夏玛瑙石、贺兰石等。

新疆：主要出产风砺石、和田玉石、塔格石、硅化木石、冰川石、蜜黄石、天河石等。

7.台港澳地区

台湾：主要出产龟甲石、梅花玉石、油罗溪石、绿泥石、西瓜石、台东黑石、澎湖黑石、铁钉石、台湾玫瑰石、澎湖玄武石、关西黑石、宜兰石胆、关西梨皮石、花莲金瓜石、高雄砂积石、南田石、铁丸石、龙纹石、风凌石、鳌溪黑石、外木山蜂巢石、油罗火成岩石、河腊石、星潭石、花鹿石、蛤蟆皮石、花莲菊花石、霞石等。

香港：主要出产黄蜡石、千层石等。

二、奇石的采集

1. 采集要有审美眼光

天下到处是石，奇石讲究发现，而发现考究人的审美眼光。如著名的和氏璧，从外形看就是一块不起眼的石头，但

是在卞和眼里，那就是一块天下难寻的至宝。为此，他可以不惜一切代价来强调它的价值。和氏璧得遇卞和，是一种缘分，就犹如拉盐车的千里马遇到了伯乐。

我们知道，奇石的采集是一种劳动，但更多的是一种审美过程。为什么会有"千人千石"、"千人千缘"，这就是各人有各人的审美观点。但一旦奇石被发现，并按照发现者的审美赋予一定的文化符号，大家又会一致认同。

审美是一种自觉的认知过程，是一种群体认知条件下的个体差异化的精神现象。因此，我们在奇石采集过程中把符合审美标准的奇石采集起来，很可能是一次审美认识的收集、完善、再造和创新。这一点在奇石采集上的自觉运用，对奇石界的发展是很有帮助的。

2. 采集要注意方法

在从事采石活动前，应对石种在产地的分布情况、石脉的走向以及石质、造型特征有基本的了解。不同的地区有不同的寻石方法及注意事项，应"入乡随俗"，就近参观当地藏石家的作品，并虚心采纳他们的经验之谈，才能正确地、有效地采集奇石。

比如，山石的采集，需要采用挖掘的方法。山石是岩石破碎后，经地下水长时期溶蚀，形成后原地保存，所以采用挖掘的方法，既可以保存原石的完整性，又不会破坏自然环境。

而小型的江河石的采集则以手捡为主，半埋于河床的石块可用小锹小铲作工具，大的河床石则需要撬、拽、掘的方法，运作时一定要注意不要伤及石肤。

海底石和化石的采集则需要专业的人士和工具，技术上的要求也更高。

觅石、采石是一件有趣的工作，一时寻觅不到，也不用性急，"精诚所至，金石为开"，如果随随便便可寻得奇石，那奇石也就不珍贵了。一处寻觅不到，也可以另寻他处。只要坚持，总会有收获。当然，还有另一种说法："奇石本天成，有缘偶得之。"

三、奇石的交易

1. 奇石的交流与交易

很久以前奇石就有交流，不过不是现在大规模的带专业性质的交流，而是在个人中间流转。《诗经》曰："投我以木桃，报之以琼瑶。"早在春秋时期，古人就用美石来表达感激之情。如苏轼赠送佛印一块彩石，米芾以"研山"换豪宅等也都是奇石的交易。由此可见，早在宋朝我国就有"一石换一宅"的交易了。从用高价的美石单纯地表达感激，到以物易物的交换，奇石慢慢形成了自己的交易市场。在实物交易的过程中，当然还伴随着文化交流。通过奇石交易，奇石

金石为开

爱好者可以聚在一起交流奇石鉴赏观念，提高鉴赏能力，相互在交流中得到启发，在启发中提高鉴赏力，从而推动奇石文化的深化和提高。因而，奇石与其他许多物件的情况不一样，它的交流与交易是同步进行的，是一个高度统一的过程。

2. 中国奇石的主要交易市场

"黄金有价玉无价，奇石更是天外价。"这一方面是说奇石本身所具有的内在价值难以估量，另一方面则是说，如今的中国奇石市场缺乏价格的合理形成机制，缺乏一种规范，更没有形成成熟的价格体系。随意定价和漫天要价的现象非常普遍，这样的情况与市场发展是严重不匹配的，它将对奇石的公平交易产生严重阻碍。当然，近阶段的发展不错，我国奇石交易形成了一定规模，有了以省为单位的市场。市场是价格形成的载体和条件，相信过上一段时间，奇石价格会形成一种均衡。

总体上说，我国的奇石交易市场分为南北两大集散地：南方产石大区主要有广西柳州的柳州奇石城；北方产石大区主要有山东临朐奇石市场；规模大的还有上海沪太路的花鸟奇石市场。

下面简单列举一下各地有规模、有影响的奇石交易市场：

北京：潘家园旧货市场、爱家国际收藏品市场、北京花乡花卉市场、北京奇石城。

河北：燕赵民间艺术市场。

内蒙古：巴彦淖尔七彩街奇石市场。

江苏：南京夫子庙花鸟市场、南京清凉山奇石市场、宜兴太湖石交易市场、徐州中国石文化村、苏州皮市街花鸟市场、连云港东海县水晶市场。

安徽：灵璧渔沟镇中国灵璧石国际交易中心。

福建：漳州奇石古玩专业市场。

山东：济南英雄山文化市场、青岛昌乐路文化市场、淄博炎黄收藏商场、昌乐中国宝石城、邹城花鸟鱼虫古玩市场、泰安奇石大市场、莱芜奇石大世界市场、临沂奇石花鸟工艺礼品市场、费县奇石市场。

河南：洛阳奇石根艺综合交易市场、洛阳奇石花鸟市场。

湖北：襄樊檀溪大道国际商都奇石城、宜昌长阳清江奇石苑。

广东：顺德陈村花卉大世界。

广西：南宁唐山路花鸟市场、桂林瓦窑工艺品批发市场、北海云南北路花鸟鱼虫市场。

四川：成都送仙桥奇石市场、成都天府石都、成都西海岸奇石市场、宜宾奇石城、都江堰奇石市场。

贵州：贵阳花鸟市场。

云南：昆明北大门花鸟市场。

重庆：重庆鲁祖庙奇石市场。

陕西：西安小东门收藏品市场、西安奇石村、西安奇石珠宝城、西安小雁塔花卉市场。

甘肃：兰州秀川奇石一条街、兰州秀川隍庙奇石市场、酒泉奇石市场。

青海：西宁八一路河湟奇石古玩城。

宁夏：银川西塔文化市场。

第四章

賞石要則

一、玩石要素

其实，人类的任何一项活动能坚持下来，久而久之，都会总结出一些带规律性的东西来，即形成一些基本的认识要素。而赏玩石，可能由于它确实在主体上是一种玩，故而少见系统的理论。现在大家比较公认的理论是宋代米芾的相关论述。

米芾是北宋时期我国著名的书画家和鉴赏家，与蔡襄、苏轼、黄庭坚三人合称"北宋四大家"，是四大家中唯一有书法理论专著者，也是书写和流传书迹最多者。他爱石成癖，有"米癫"之称，但却很少见到他品评奇石的文字，更未见到他直接提出的相石法则。

南宋庆元年间的《渔阳公石谱》记载："元章相石之法有四语焉，曰秀，曰瘦，曰雅，曰透。"这是目前我们见到的最早记载米芾相石法的记载。这实际上是后人根据他品石、藏石等风格而总结出的"相石四法"。清代郑板桥在题

《画石》中言："曰瘦、曰皱、曰漏、曰透，可谓尽石之妙。"至此，"瘦、皱、漏、透"成为米芾对赏石理论做出的重大贡献，并被普遍认为是赏石品评标准中最具美学价值的理论。

单从赏石的外观造型理解，"瘦"，即指奇石的形体要"壁立当空、孤峙无倚"、"瘦硬如铁、坚劲挺拔、婀娜多姿"，避免臃肿；"皱"，即指石肌表面凹凸起伏、纹理皱褶有曲有折；"漏"，即为石上有眼有洞，洞穴相连，"此通于彼，彼通于此，若有道路可行"，或注水能下流，生烟能上浮；"透"，多指石上空灵剔透，穿风透月，玲珑可人。

从外观上，我们还可以体会到蕴含其中的人文精神及内涵："瘦"，即"铮铮铁骨"，指做人要有骨气，不趋炎附势，不媚俗从流；"皱"，即苍劲老道，意在已历尽人间沧桑，何惧一波三折；"漏"，即上下贯通，惟漏，方可知天晓地，亦喻通晓人理；"透"，在于为人应虚怀若谷，不掩不藏，光明磊落，堂堂正正。

总之，米芾这"相石四法"，形象地把握了鉴赏如太湖石类的美感和寓意，奠定了传统赏石的理论基础。时至今日，也是很值得体味的。

当然，就其在玩赏层面上的具体要素而言，也尚有早者，这也是需要特别提到的。如"唐宋八大家"之一的柳宗元就曾开创性地提出过赏石的"形、质、色、声"等要素，虽然这一般被认为是石头所固有的物理属性，并非系统的理论总结，但它却对后人产生了诸多方面的影响。因此，后来的人在不断丰富着石种的同时，也在不断总结和完善着赏石标准，对不同的石种，从质地、色彩、形状、纹路等方面有了更详尽而细致的描述，最终概括出了"瘦、透、皱、漏、清、丑、顽、拙、奇、秀、险、幽"十二字的赏石要诀。这一直被赏玩石界认可并沿袭使用至今。

　　而今，随着社会的发展，人的思想认识也在不断的进步，赏石水平空前提高，很多新的石种也在脱颖而出。日益增加的赏玩石大军，在多元化的信息社会中对于多元的艺术及其审美观也开始从传统的"瘦、透、皱、漏、清、丑、顽、拙、奇、秀、险、幽"逐渐复古，又重新回到"形、质、色、纹"的赏石标准上来，因为这可以简练而直接地表达奇石包含的所有的艺术内容。

　　形，即石头的形态，或整体面貌千奇百态，或瘦峭玲珑，

或浑圆古朴，或粗
犷憨实，或清秀挺
拔，或俊秀壮美，
或尖棱峭角，或凹
凸相交，或透漏相
连，或幽深险峻，
或峥嵘怪谲。

　　质，即石头的
质地，或光华圆润，
或晶莹剔透，或粗
犷古朴，或石肤苍
润，或瘦硬宁玩，
或柔中透刚。

　　色，即色彩，
或绚丽明快，或古
色古香，或色彩斑
斓，或雍容素雅。

　　纹，即石头的纹理，或画面清晰，或纹理饱满，或自然
流畅，或富韵律感，或起伏跌宕，或纵横交错，或漏透横贯。

　　当然，这些仅是个大概，赏玩石要素还得靠一代一代的
赏玩石者去总结、去完善、去概括、去提炼。

二、赏石要则

1. 鉴赏因人而异

鉴赏，是人凭借视觉及其经验对物件的评鉴和赏析，它是玩石者之需，但这种鉴赏因鉴赏者视角、焦点特别是个人经验的差异而不同。同一物件，不同的鉴赏者会得出不同的结论，有的可能还截然相反，这就是因人而异，但只要言之有据，言之有物，便有其合理性，在赏玩石过程中也是值得提倡的。

2. 赏石的一般要则

时间长了，凡事都有一些带规律性、大多数人公认的要则。赏玩奇石也是如此。我认为，在诸多赏玩奇石的要则中，值得推崇的是白居易提出的七个要则。

唐代大诗人白居易是一位玩石大家，是中国历史上第一位记述、评价雅石的大家。他的散文《太湖石记》中就记叙了赏玩奇石的七个方面：

（一）对石种进行分类；

（二）对石种划分等级；

（三）依据石头大小分等定品；

（四）雅石的赏玩是有格调的体现；

（五）雅石具有浓缩自然山岳之功效；

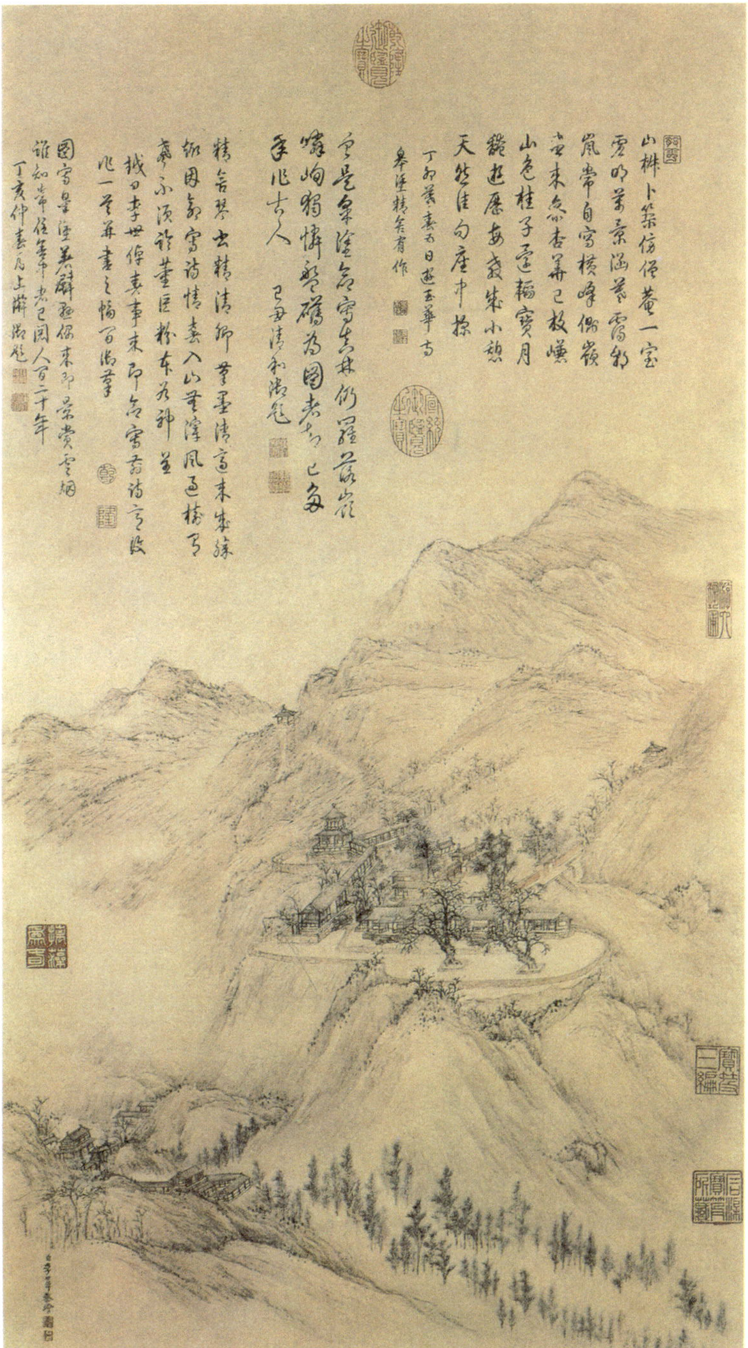

（六）不假雕琢的天然雅石更加难得；

（七）善待自己存有的雅石，要将其视为有生命和灵性之物去全心全意地爱，否则即为暴殄天物者，没有赏石的资格。

白居易提出的这七个方面，融进了他的赏石理念和他对赏石文化的理解，对后世赏石有着深刻影响。

三、奇石之鉴别

鉴别是一种通过比较、分析、判断其对象优劣的基本方法。其实，很多物件一旦摆在一起，很容易就能够看出它们之间的差别。凡器物都应有比较，从而使观赏者、使用者能够知晓它的质地、特征、品位和价值。赏玩奇石也概莫能外。鉴别是赏玩石者必须具备的素质性要求，会鉴别才会赏玩、才会赏玩得好。

当然，在长期的赏玩石的实践中，虽然多少不一、公认有异，但还是有一些基本方法的。

奇石的高下优劣与真伪可以按照一定的评价标准来衡量。由于各石种的形、质、色、纹等观赏要素和理化性质互不相同，风格各异，所以它们的欣赏重点和审美标准也有所不同。

完整度：这是指奇石的整体造型是否完美，花纹图案是否完整，以及色彩搭配是否合理，石肌、石肤是否自然完整，有没有多余或缺失的部分，有没有破损和破绽，等等。

造型：是指奇石的形状。如"皱、瘦、漏、透、丑、秀、奇"就是评介太湖石、灵璧石、英石、墨湖石及其他类似石种的造型的重要因素。而有些抽象石，如红河石、河洛石、黄河石、回江石等，则是以其点、线、面的结合是否完满来评介的。

石质：包括硬度、密度、质感、光泽等因素。其中，硬度是决定石质优劣的关键。硬度适当，就有了一种重量感，凝结度也高，显得细腻坚挺，光泽感也强。

石肌：石肌是指奇石的表面肌肤。具有一定硬度的石头，露于山土经受风吹雨打，或在河床中长年经水流冲击，表皮较软部分会自然剥脱成石肌，较硬部分历经冲刷则会变得圆润。石肌具油脂光泽、金刚光泽者为上，玻璃光泽、金属光泽者次之。

石音：指轻轻敲打时发出的不同声音。石音好的，用硬棒叩击，能发出悦耳的声音；反之，则不然。

纹理：指奇石表面的花纹。首先，岩石上的纹理主要是在成岩时期原生的，或岩石受矿液浸染而成；其次是岩石后期风化，以至形成各种花纹。对于图案石来说，纹理是否美观耐看，意境美好，是评介的首要因素。

色彩：即指奇石表面附着颜色、图案的艳丽程度。色泽单纯或多重色彩巧妙搭配均可归入上品，惟色调不清晰、搭配混乱者不入流。一般来说，具象石类与抽象石类的色彩以沉厚古朴的深色系列为佳。

第五章

史中奇石

一、世界奇石小史

　　石头是天地间的自然物，坚硬而耐久。沧海桑田，天地变换，石头任由各种自然冲击而巍然屹立，任由大自然"搬运"，走东闯西而日益坚强。一般认为，世界奇石文化源于原始初民对石头的崇拜。原始初民认为石头是有灵性的，从而对它怀有敬畏的心理，产生了石头崇拜和许多有关石头的传说。一块耸立于平川上的巨石、一座形状奇伟的山峰，往往会在人们的心里激发起某种遐想，于是就会被附会出某种神话传说，还很可能成为人们崇拜的对象。

　　不管神话或传说是否附会，人们不可否认的一个事实是，原始初民最初是居住在石头的洞穴之中，后来又用石头砌造房屋，让石头环绕着自己，包裹着自己，呵护着自己的笑声和哭声。因此，人对石头的膜拜就像婴儿投入母亲的怀抱一样，体现了人对于本源的留恋与感激，从古至今，人类对石头相依相恋，始终难以割舍。

在旧石器时代，人类用石头打制工具，并把它们作为自己身体的延伸。石斧、石刀、砍砸器等，实际上就是人类延伸了的手臂，而刮削器、雕刻器等，就是人类延伸了的牙齿。当人把石器的表面打磨得像自己的皮肤一样光滑和富有光泽的时候，一个旧的石器时代便告结束，一个新的石器时代随之诞生。

在漫长的历史岁月里，就像神照着自己的样式造了人一样，人们也照着自己的样式以石头为原料制作了人形的雕塑，还用矿石的粉末作颜料在他们居住的洞穴的石壁上画上人和动物的形象——后世的人称之为艺术，这就是远古的世界奇石文化之起源。

除了石雕人像以外，有关的原始艺术的典型作品还有巨石。它的粗糙与质朴，甚至包括体积上的巨大，都说明了人与石头之间的亲和关系。

以巨大石料为特征的欧洲巨石建筑早在距今七千年之前就开始在地中海沿岸流行，然后又从伊比利亚半岛沿欧洲的西海岸北上，经葡萄牙和西班牙北部、法国西部到达法国的北部、英国和爱尔兰等地。大约在距今四千年前又

传到了北欧的丹麦、瑞典和法国等地。

　　但巨石文化并不为欧洲人所独有，它是具有世界意义的一种从石器时代流传到青铜时代的古代文化类型。在欧洲、亚洲、非洲、美洲、大洋洲和太平洋岛屿上均有分布。西亚出现巨石建筑的时间与欧洲大致相同，但中亚和东亚则时代偏晚，巨石建筑的规模和精美程度也不如西亚和欧洲。因此，学术界形成了一种传播观点，即巨石文化产生于欧洲，然后由西向东沿两条路线传入中国、朝鲜和日本等地。

从对石头的崇拜延伸而出的是欧洲对奇石的喜爱及收藏心理，但现有资料可循的只能证明翡翠和玉器作为一种特殊的美石在欧洲备受欢迎的程度。因为西方人所欣赏的奇石之美实际是指某些矿物结晶体的美，不包含其他石头之美。具体讲，他们喜欢的一种是金属矿物结晶体，如金、银、铜等；另一种不属于金属，西方的人们通常把它看做是石头，而实际上并不是一般的石头，仍属于矿物结晶体，如金刚石、玉石、方解石、石英石、水晶石、玛瑙等等。属于金属类的矿物结晶体，只要它有鲜明悦目的色彩，又不易受氧化而长期保持它的色彩，就会被认为是美的。这种矿物结晶体首推金、银，不论古今中外都被认为是美的。至于一般被看做是奇石的各种矿物结晶体，既有西方人所要求的符合规律的几何式的形式结构，又有鲜明悦目的色彩，恰好符合西方人对形体美的要求，所以也受到他们的喜爱。

二、中国奇石小史

相对西方而言，我国的赏玩奇石历史可谓源远流长，从远古时期的石文化至今已有五千多年，大致可以简单划分为以下四个时期。

1. 先秦及秦汉时期

奇石受到先人的关注，被先人赋予了一种灵性。可以说，奇石从一开始就是因与先人的生活有密切相关的实用性而得到关注的。奇石的实用性成就了它的美。

远古时代，石头成为先人生存下来的工具，打石取火、石斧狩猎等等，先人的生活方式与石头密切相关，石头在先人的生活中扮演了重要的角色，因而，先人开始崇拜石头，认为石头不仅可以补天，还有灵性，能够保佑人们。

据史书记载，儒家经典之一的《尚书》中，出现了有史以来第一篇记载石头的文章《禹贡》，文中记载了多种矿物石种，并将产生于泰山的怪石列为给禹王进贡的贡品，可谓开创了石文化研究之先河。而《山海经》中不仅记录了许多外形各异的美石，还有女娲炼五色石补苍天的故事。西汉司马迁所著的《史记》（原名《太史公书》）中，也有了"轩辕赏玉，舜赐玄圭，臣贡怪石"的记载。最早的赞美石头的诗见于《诗经》中的《扬之水》、《渐渐之石》等篇章。秦汉直至魏晋南北朝时期是赏石艺术的初始阶段。

进入春秋战国时期，中国思想界出现了百花齐放、百家争鸣的繁荣景象。影响深远的儒家思想和道家思想在这个时期逐渐发展成熟起来。

儒家从仁的态度来看待一切事物，认为仁者应该怀仁，认为人应该注重品德，所以儒家在看待其他事物时往往将一种德性注入其中，这就是"比德"。奇石进入儒家的眼中，成为一种映射，而奇石的外形成了次要的东西，它内在的质——德，成了儒家首先关注的对象。

而道家呢？他们的思想以老庄为代表，突出自然无为，老子曾宣称一切来自自然，效法自然。这个思想发展到魏晋时代，成了张璪的"外师造化，中得心源"。在自然外力作用下形成的奇石，受到了道家的重视。奇石是自然成就的极致，道家一派对之大加赞赏。

到汉代，许慎《说文解字》说："玉，石之美者。"将玉视为美石的总称，由于玉确实是从石头中而来的，辞典后面紧接着列出了与玉有关的美石词条，诸如瑶、琨、碧等，从奇石的形状、颜色等将奇石分门别类。

在汉代，人们把奇石看为美石，普通的石头看为山石，因而《说文解字》说："石，山石也。"符合奇石所指称的美石，一般则与玉有关，偏旁部首为玉。由此可见，古人对奇石的认识逐渐精确，对奇石和玉的关系也有了更深的了解。后来随着经验的积累，科学技术的进步，人们开始利用科学性的鉴定来准确区分玉和奇石，细分奇石的种类，从而使奇石文化日趋繁荣。汉代大赋的出现，极尽摹写之能事，汉赋中描写上林苑的文赋中涉及的奇石就不少，把奇石的种类细分，以求尽量全面去摹写。

魏晋南北朝时期佛教开始兴盛，"生公说法，顽石点头"的故事为奇石的鉴赏开拓了一片别样的天地。奇石文化和佛学融为一体，石头的灵性借由佛性开启，奇石从此又具有了禅性，"面壁思过"正是借由石头来悟道。认为"石不能言最可人"，无言中蕴含无限的言语。

从总体上讲，一个时期的奇石文化总是要受到时代思潮的影响的。奇石文化为表，时代思潮为里。魏晋时代是继春秋时代之后又一次的思想大解放，文学理论批评逐渐形成系统，《文心雕龙》就是融合了儒家和道家的思想来阐述文学理论。综合的思想理论影响了各种文化的发展，奇石成为独立鉴赏的物品，从以前在园囿中构筑假山的局限中脱颖而出。于是，奇石的收藏开始成为一种时尚。《南齐书·文惠太子传》介绍，文惠太子开拓园囿的同时，还在"楼观塔宇"

中"多聚雅石"，不过这也只是极少数的个人。对于奇石的大量而流行的收藏，最终是在唐宋文人士大夫的身上得到完全的展示。

2. 隋唐时期

隋唐时期开始，由于经济繁荣，诗歌、音乐、舞蹈、绘画等得到了长足发展，庭院、园林、案台等出现了可供把玩、欣赏的奇石，奇石作为一种观赏品被大量应用，因此，收藏奇石逐渐形成潮流。众多的文人墨客积极参与搜求奇石，有关奇石的诗文陆续出现，如白居易《天竺石》《太湖石记》等。当时的宰相牛僧孺也爱石成癖。与牛僧孺为对立党派的李德裕，同样藏石无数。南唐后主也爱赏玩奇石。

在唐代，空前浩大的对外交流引进了许多异域的物品。从音乐等无形的文化到食物、奇石等有形的物品，都从西域陆陆续续传入当时的中原，扩大了人们的视野。人们见识了异域用奇石来朝贡的盛大场面。阎立本的《职贡图》中就描绘了几名番人将几方玲珑的奇石作为贡品。他们也学着把本国的奇石外传到别国去。日本孝谦八年在京都建正仓院绘"怪石"图，也是因为受到中国石文化的影响。公元612年，经百济国传至日本的中国产的"博山炉"，炉顶的"灵山石"是最初传入日本的缩景造型物。唐代频繁的文化交流，对奇石文化的发展起到了很大的推波助澜作用。卢楞伽《六尊佛像》中胡人供石的情景和砣矶石的外流是奇石文化交流的又一个例子。

唐代也是赏石理论开始走向成熟的时期。诗人白居易作为我国赏石理论的开拓者，不仅在《太湖石记》中指出了赏玩奇石的七条原则，同时，还在其著述中概括了赏石中应当注意的四个要点：

其一，将奇石按石之大小分为甲、乙、丙、丁四等，每等按其品第之高下分为上、中、下三品。具体来说，白居易把太湖石评为甲等，罗浮石、天竺石次之。

其二，阐述了品评奇石时出现的一些术语。如：

"丑"——"苍然两片石，厥状怪且丑"。这种丑石观提法，

经过苏东坡发挥，到清代郑板桥笔下臻于完善。

"形"、"质"——"形质冠古今"。

"气"、"色"——"气色通晴阴"。

"老"——"远望老嵯峨"。

"势"——"势若千万寻"。

其三，提出奇石是一种缩景艺术，并在优游其间时可达到一种"适意"的境界。白居易《太湖石记》云："撮要而言，则三山五岳，百洞千壑，覼缕镞缩，尽在其中。百仞一拳，千里一瞬，坐而得之。一旦不鞭而来，无胫而至，争奇骋怪。"从而达到物我两忘的"适意"境界。

其四，要与顽石交流，要爱惜、敬重它，并通过养石、赏石，以提高自身的修养。

中国的奇石文化从唐代开始，并逐渐影响到周边国家。与唐代关系密切的新罗国（今韩国）就直接借鉴了唐代园石布置法。及至今日，韩国仍保留着不少唐代流行的"峰石"，陈列在年代久远的宫殿和寺庙里。

3. 宋元时期

经过唐代的推动，奇石文化到了宋代逐渐发展成熟起来，成为奇石艺术的黄金时期。开"痴迷型"赏石风气之先河的要数南唐后主李煜了。李煜藏有两方研山石（中有墨池的奇石），为稀世之宝。据蔡絛《铁围山丛谈》载："江南李

氏后主宝一研山，径长尺逾咫。前耸三十六峰，皆大如手指，左右则引两阜坡陀，而中凿为研。及江南国破，研山因流转数士人家，为米元章所得。"

宋代赏玩奇石的蓬勃发展，与文人雅士们的推波助澜是极有关联的。有名的文人如范成大、叶梦得、陆游等都是当时的藏石名家。

品石专著《云林石谱》即是宋代赏石文化全面发展的一个重要标志。此书大约成于公元1118～1133年，是我国古代最完整、最丰富的一部石谱，约一万四千余字，描述的石头有一百一十六种，详略不等地叙述其产地、开采方法、形状、颜色、质地优劣、敲击时发出的声音、坚硬程度、纹理、光泽、透明度、吸湿性、用途等。该书首先将石形具有"瘦、皱、漏、透"时代特点的石种置于上篇展示，紧密结合时代的赏石理论进行论述，是一部带有总结性质的奇石专著。尤其可贵的是，《云林石谱》中还介绍了鱼类化石和植物化石的成因，其见解至今仍闪耀着科学的光辉。

宋代，苏轼与雪浪石、米芾拜石、宋徽宗与花石纲等，文人雅士和帝王将相与石头演绎了一段又一段有趣的故事。

宋代奇石的交易也有很大发展。据《云林石谱》记载，在宋代，奇石的交易已经不是什么罕见的事了。书中多次谈到"土人"，证明赏石之事已为一般人所知，不再局限于文人士大夫等上层地位的人。书中提到李正臣家的奇石很多："然石之诸峰，间有外来奇巧者相粘缀，以增险怪，此种在李氏家颇多。"宋代赏石之风由此可见一斑。

在宋代，中国的奇石文化已影响、远播到日本，启迪了日本"水石"的玩赏。至今，日本较著名的寺院仍保存着许多历史悠久的名石。

元代的文人雅士秉承宋人雅好赏石之遗风，也以藏石为时尚，其中最具代表性的要数赵孟𫖯、管道昇夫妇。他们夫妇俩在创作之余，经常摩挲把玩供于几案上的奇石，并作文赋诗，吟哦不已。

4. 明清时期

明清时期是我国古代奇石文化的全盛时期。这一时期，品石专著层出不穷，赏石理论更为完整严密。品石专著有计成《园冶》、李渔《闲情偶寄》、王守谦《灵璧石考》、梁九图《谈石》、高兆《观石录》、毛奇龄《后观石录》、王晫《石友赞》、马丕绪《砚林脞录》、林有麟《素园石谱》等等。在这些赏石文献中，有的记载了奇石的产地、特征；有的介绍了布置清供雅玩的心得；有的对所藏奇石加以礼赞题铭；有的记述了采石的艰辛和收藏有成后的喜悦；有的则是图文并茂，录有名人诗文、掌故并绘有石头线条图，直观性极佳，各有擅长。

同时，收藏奇石已不再是士大夫阶层的专利，一些将校士兵、贩夫走卒、农夫工匠也加入了这个行列。经济的一度繁荣，也促使明清时期形成了买卖奇石的盛大市场。据记载，当时一块精美的可供把玩的奇石可以换得一辆三乘马车。

明代最有名的藏石家应数米芾的后代米万钟。他所藏的名石中有灵璧石、英石、仇池石等等，无不奇巧殊绝，各具形胜。最为人称道的是这些奇石多为古物，有的甚至流传了数百年，珍贵无比。譬如有一方青石，状若飞云欲坠，石后刻有"泗滨浮玉"四个篆字，旁有"元符元年二月丙申米芾题"十余小字。又有一方灵璧石，高才四寸，可是却气象万千，峰、台皆有，石肤起皱，显得凝练厚重。此石乃元代大名士杜本的遗物。米氏对这些奇石钟爱有加，特请画家吴文仲为这些奇石绘了一长卷，还请大名士董其昌于卷尾题跋。

到了清代，藏石风气更盛，士大夫阶层自不待言，将军、武夫癖石者不在少数；农夫渔民、贩夫走卒等各界民众大量地加入藏石者行列。

清代的爱石者中，最值得一提的是曹雪芹和蒲松龄。这

两位伟大的文学家的人生道路都极为坎坷，他们在奇石上寄托了无限的情思。曹雪芹的《红楼梦》原名《石头记》，写的就是大荒山无稽崖青埂峰下有一方顽石，乃女娲补天时所遗，后经一僧一道点化成美玉坠落世中，随着宝玉的出生而演绎的一段故事。书中有不少关于"玲珑山石"的描写，说明曹雪芹对奇石非常熟悉。

蒲松龄的人生境遇虽不像曹雪芹那样大起大落，却也是终身郁郁不得志。人们说《聊斋志异》寄托了他的孤愤，其实在对待奇石上何尝不是如此？书中《石清虚》一文，写顺天人邢云飞"好石，见佳不惜重值"。一次，他在河中获一奇石"四面玲珑，峰峦叠秀"，如获异珍，却一次次被达官豪强夺走。邢云飞矢志不移，终于觅石回家。蒲松龄为此叹道："欲以身殉石，真是痴迷到极点！而石竟与人相始终，焉言石无情乎？"

"扬州八怪"之一的郑板桥，也是一位胸襟不凡的赏石异人。他藏石、画石、赏石，还论石，完善了宋人的赏石观。他认为："米元章论石，曰瘦、曰皱、曰漏、曰透，可谓尽石之妙。东坡又言'石文而丑'，一块石之千怪万状皆从此出。米元章但知好之为好，而不知陋劣中有好也。东坡胸次，其造化炉冶乎？"同时，他进一步表示：丑石，当"丑而雄、丑而秀"，方为佳品。怪石以丑为美，丑到极处便是美到极处。如何是"丑"呢？他说一块"元气结而石成"的怪石，看似凹凸不平，蛮横险怪，绝难以寻常审美观视之，却是"陋劣之中有致妙也"，耐人寻味，百看不厌。这就是所谓"丑石观"的真谛吧。

到了民国时期，西方先进的科学知识和技术传入我国，奇石文化走上了另一个异彩纷呈的世界。这一时期，出现了龚纶的《寿山石谱》、陈钜的《天全石录》、胡朴安的《奇石记》、张俊勋的《寿山石考》、冒广生的《青田石考》等专著。章鸿钊的《石雅》一书更是中国石文化的一大飞跃性进步。此书共分上、中、下三篇，上篇言玉，中篇言石，下篇言金，是我国最早应用科学的方法研究石头的第一部专著，是自然科学与社会科学结合的述石典范。

如今，奇石爱好者遍及全球，各种赏玩组织、科研组织和社团不断涌现。从中国的情况看，随着有"石"之士的大量出现，我国各地还相继成立了奇石协会。其中，有国家级的"中国观赏石协会"，有省级、市级、县级的赏石协会、赏石艺术委员会，还有珍奇石研究会等等。每年，各地还定期或不定期地举办不同规模的奇石展览、奇石拍卖等活动。随着赏玩石队伍的不断扩大，石文化的广泛普及和深入，我国的赏玩石水平一定会踏上一个新的台阶，让我们拭目以待吧。

三、东西方赏石考

一般认为，以中国传统供石为代表的东方赏石文化理念，至 20 世纪初才传至西方。20 世纪 80 年代末开始，欧美诸国纷纷成立了赏石组织。1985 年，美国 China House Gallery 和 China Institution America 在纽约举办了有史以来第一次以中国古典赏石为题的展览。至此，一门在它的祖国冷寂近一个世纪的艺术，立即以其不凡的形象和难解的意味吸引了西方艺术界的热烈讨论。这些讨论涉及对中国古典赏石的文化诠释、美学理解以及欣赏历史的认知等诸多话题。1992 年卢森堡还成立了"欧洲赏石联合会"（ESA）。但是总体来说，赏石在欧洲的推广不像盆景那样较为迅速，赏石交易也主要依附于盆景市场，玩石者与玩矿物晶体者也互不相干。在欧美的一些国家，把中国传统供石称作为"文人石"（Scholar' Rocks），但更多国家则是沿用日本之"水石"（Suiseki）来称呼观赏石。赏石之风得以在一些欧美国家传播，是由于他们 20 世纪初从日本的盆栽水石才开始重视赏石的意趣的。

反观西方赏石，由于它的兴起是基于工业革命时诞生的矿物学、岩石学和古生物学等科学理论的产生而产生的，所以它从一开始便有科学的理论做指导，倡导者也是以从事自然科学的工作者和博物馆工作人员为主。因此作为一种理性化的收藏活动，它更注重观赏石本身的科学内涵，强调美感与科学的统一；更注重观赏石形成机理的探究，如物质组成、化学成分、结构构造、产出特征等；更重视其学术科研价值，按科学眼光和思维评价其观赏性与艺术品位。这与东方赏石注重的艺术化欣赏有着根本上的不同。

如果说东方赏石只是强调知其然、艺术化的话，那么西方赏石便是强调知其所以然和理性化。因此，西方赏石很重视直观视觉，但无深厚的文化积淀，含蓄的、让人浮想联翩的题名是难得一见的，比如中国南京的雨花石玛瑙，在绝大多数欧美人眼中便是普通的玛瑙质卵石而已，富于诗情画意的想象和题名难以引起他们的共鸣。但是西方赏石容易普及并建立通行的鉴评标准。

　　如今，欧美的不少国家也开始吸取东方赏石之精华，对天然奇（岩）石兴起了一股搜奇探珍热潮。1994 年欧洲赏石联合会在德国举办了首届国际赏石展览会，以后每年在各国轮流举办。近些年，美国和加拿大也相继成立了全国性的赏石组织，如美国的加利福尼亚赏石协会、北美观赏石协会，加拿大雅石会等。

第六章

儒道释石

中国传统文化有两大主流意识，一曰儒，一曰道。这一章主要叙述儒道对奇石的认识。

中国近代大学者梁启超曾说："道家哲学有与儒家根本不同之处。儒家以人为中心，道家以自然界为中心。儒家、道家皆言'道'，然儒家以人类心力为万能，以道为人类不断努力所创造，故曰：'人能弘道，非道弘人。'道家则以自然界理法为万能，以道为先天的存在且一成不变，故曰：'人法地，地法天，天法道，道法自然。'"这一论述，可谓把儒、道这两种中国传统文化的主流意识的联系和本质揭示得相当深刻、精辟。

从梁启超先生的论述中，我们可以看到，儒家是以人为中心，讲求"作为"，道家则是以自然界为中心，讲求"无为"。两家皆言道，不同的是儒家宣称"以石载道"，道家则讲求"以石悟道"。儒家以人类心力为万能，强调"人能弘道，非道弘人"；道家则以自然界理法为万能，强调"人法地，地法天，天法道，道法自然"。"作为"与"无为"始终在互相消长又彼此平衡之中，为中国人构建起博大精深的文化背景。

外来文化的传播也引起了中国传统文化的动荡。魏晋南北朝时期，儒道相互影响产生的玄学与印度传入的佛教一起，也对中国石文化的发展产生过重要的影响。

一、"以石载道"之儒家

儒家思想在中国已有数千年的根基，对中华民族的价值观和道德观形成具有举足轻重的作用。儒家重"天人合德"，重"自强所争者大"的阳刚之美，推崇"天行健，君子以自强不息"。仁、义、礼、智、信，堪谓儒学之核心。孔子以后的儒家把"礼"的根源和天地及人类的祖先并立起来，建立了一套"天经地义"的学说。正如《荀子·礼论》所说："礼有三本：天地者，生之本也；先祖者，类之本也；君师者，治之本也。""上事天，下事地，尊先祖而隆君师，是礼之三本也。"足见其在当时社会中地位之高及对后世的影响之深。

　　儒家美学的基本特征是反复论述美与善的一致性，要求美善实现统一，同时，高度重视美与艺术的陶冶、和谐，以提高人们伦理道德情感的心理功能，强调艺术对促进社会和谐发展的积极作用，并自觉地从人的内在要求出发，而不是从外在信仰出发去考察审美和艺术。从这个层面上来说，儒家美学突出了美的自然形式包含有社会内容这一观点。这使得儒家美学具有崇高的道德精神，但同时又使美等同于善，从而漠视了美不同于善的独立价值，继而使得人们对于自然美的欣赏常常偏离到某种狭隘的、道德比附的说教上，从而束缚了对自然的正确理解和观赏。

　　儒家美学还与社会生活、政治状态紧密相关联，所谓"礼之用，和为贵"。作为其重要美学原则的"和"，本身就包含了合规律性与合目的性的统一，其着眼点更多地不是对象、实体，而是功能、关系、韵律。它强调对立面的相互渗透与协调，而不是相互排斥与冲突；强调情理结合、情感中潜藏着智慧以得到实现人生的和谐和满足，而不是非理性的迷狂或超世间的信念；强调的是情感的优美和壮美，而不是宿命的恐惧或悲剧性的崇高。

从儒家哲学的整体来看，其讲求内修为外治服务。其心路历程就是我们常说的"修身、齐家、治国、平天下"。与此相似，儒家美学在艺术上也是以伦理、道德、责任为标尺，要求美的方面必须诉诸感官愉快并具有普遍性；另一方面必须与伦理性的社会情感相联系，从而与现实政治有关。这就是中国艺术审美十分注重思想性的重要传统依据。

在《孝经·至圣》中，孔子说"天地之性人为贵，知自贵于物"。这反映到我们所说的赏玩石中，实际上就是指出了人的主观性在赏玩活动中的中心地位。在《论语·雍也》中，孔子说："智者乐水，仁者乐山。智者动，仁者静。智者乐，仁者寿。"其言一直为历代爱石人所标榜。孔子在《论语·泰伯》中的"天下有道则见，无道则隐"，也是值得赏石之人深思的。

　　在这些思想的指导下，人们对石头的美丑有一种以人为本的主观能动性。即自然之石的美，只有人去欣赏它才能称其为美。如宋之愚人和周之商贾所看的是同一枚燕石，前者视如至宝，后者则鄙若瓦甓。孔子的学说讲究人化自然，即用人的学识来审视事物，审视石头时自然也不例外。欣赏自然的石头要能够起到一定的教化作用，要对人的思想有益，赏石活动是应寓仁于石的；如果石不载道，那就是"玩物丧志"、君子不为之事。只有以石载道，品石才能成为雅事。中国古代的赏石人很多都是以此为指导的。

　　在中国的石文化中，还出现了宝、玉、石分离的现象。其中玉与石的分离也是受到孔子思想影响的。在孔子所订的《礼记·玉藻》中说："君子无故，玉不去身。君子于玉比德焉。"因此，"玉"成为儒家标榜君子道德楷模的载体，直接表达出儒家在道德伦理内涵方面的执着追求，其深层意境美具有"比德"倾向。这种"借景抒情以观德，托物言志以比德"的倾向，是中国文化传统中重视个人道德修养，以寻求

人的社会群体价值，从而建立符合古典人本主义精神的社会道德秩序的一种理性精神的反映；也是一种对人的社会生命（群体价值）、道德精神的高扬。

二、"以石悟道"之道家

一般认为，道教是中国自有的一种宗教。它距今已有一千八百余年的历史，其教义与中华本土文化紧密相连，深深扎根于中华沃土之中，具有鲜明的中国特色，并对中华文化的各个层面产生了深远影响。

道教的名称来源，一是起于古代之神道；二是起于《老子》的道论，首见于《老子想尔注》。道家的最早起源可追溯到老庄，故道教奉老子为教主。但是，学术界一般认为，道教的第一部正式经典为完成于东汉时的《太平经》，因此人们便将东汉时期视作道教的初创时期。道教正式有实体活动是东汉末年太平道和五斗米道的出现，而《太平经》、《周易参同契》、《老子想尔注》三书则成为道教信仰和理论形成的标志。

道教创始人老子是中国古代著名的思想家，留传至今的《道德经》开创了中国古代哲学思想的先河，同样也开创了中国古代美学的先河。他的哲学思想和由他创立的道家学说，对中国古代思想文化的发展做出了重要贡献。

继承和发扬老子道学的是庄子。他的著作《庄子》一书又被称为《南华真经》。其文中所述的"见素抱朴"、"道法自然"、"恬淡为上"、"气韵生动"等观点，对雅石（奇石）的鉴赏也起到了积极的指导作用。

道家美学的重要特征是顺应自然，强调审美的超功能性或超功利性，即与天道相和的"天和"。它要求审美情感必须是一种内向的精神观照。老子的美学核心是"自然无为"，突出了个体生命寻求自由的要求，并在矛盾的对立和转化中观察美与艺术的问题，讲究无为而无不为，总体上趋于冷静的思考。继承老子学说的庄子则扩而张之，强调追求无限和自由，强调"天然"、"重生"、"养生"、"保生"，将人的生命价值抬升，达到所谓"天地与我并生，万物与我为一"、"独与天地精神往来"的境界。因此，这些在看似玩世的生活态度后面其实包含着对人生的热爱，使人的生活达到一种自由的独立境界，主张人们去顺应自然、师法自然。在艺术追求上，道家强调人与外界对象的审美关系，是内在的、精神的、实质的美。

《老子》有言："人法地，地法天，天法道，道法自然。"石，特别是奇石与生俱来就为天工造化，属自然之物，所以，自然之石便能载道。

道家的"以石悟道"、"师法自然"成为赏石的普遍境界和评判的主要方法。通过对自然奇石的观察，人们从中体会出人生意义、人生情趣的哲理，悟出万物演绎的共有之道。客观的自然奇石是道的根本，悟是赏石者的修养、阅历所形成的审美过程。

无论是孔子的人道观还是老子的天道观，实际上都是中国石文化在理论发展上的两个方面。一个通过赏石来加强自身修养，一个通过赏石而从自然中寻找一条自我拯救的人生道路。二者相互辉映，不断地提升着人们的赏石情趣。儒、道两家思想，一个刚健有为，一个柔顺因循；一个入世进取，一个潜隐退守。许多中国古代文人入世为儒、出世为道，或者熔儒道于一炉，张弛相济、进退自如。

三、"以石悟性"之释家

佛教起源于古印度恒河流域一带，后来传到了中国。佛教在传播过程中巧妙地与中国的本土文化相结合，迅速发展起来，对中国文化起到了重要的影响作用，以至于梁启超说不研究佛教就不会懂中国的文化。

佛教认为，众生平等，一切众生皆有佛性。众生包括有情众生和无情众生。无情众生即指泥沙土石、花草树木、山河大地，它们都有法性（佛性）。在中国佛教中，特别是禅宗开示中，以石头作为话头参修的很多。佛教认为，石头是自然孕育之物，具有灵性，特别是那些经过大自然之力所"雕琢"的奇石。一花一世界，一石一世界，石头里藏有无限禅机，所以通过与石头对话可以得道，观照石头可以观照自己的内心。因此，"以石悟性"成为佛教禅宗美学所追求的一种境界，对后来的赏石活动起到了重要的影响。

总之，中国艺术的三大精神支柱——儒、释、道三家都在对赏石文化进行渗透并产生着积极的影响。儒、释、道三家都在"正心"的基础上开始对心灵与精神展开追求，这种追求体现在艺术中，成为一种收束心性的自我修养方式，一种自然惬意的生活方式，一种内在的人格理想情操，一种恬淡清幽的审美情趣与空灵清澈的艺术境界。

其实儒、释、道共同的美学意义，都是审美式的人生态度和人生境界，只不过是一个主动、一个主静、一个主空。随着中国石文化在魏晋南北朝的发展，特别是在这一阶段的儒、释、道三足鼎立长期共存的宏观背景下，追求完美、怡情悟道成了一大主流。

第七章

名人石缘

出頭原可上青天奇節
棍叉不然珍重一身渾是
玉白雲堆裏萬□□邊

　　赏石文化是我国的优秀传统文化，古往今来不少文人雅士对奇石情有独钟。名人与奇石结缘，大概是另外一种"巧夺天工"的解读。石是自然天成，人也是遵循进化而成；不同的是，石不言语，人为它代言，石无血脉，人赋予它生命，有了生命，即有乐趣、思想。名人与名石的结缘，也是顺其自然，如石之纹理、人之岁月。

　　人与石结缘，是石的"神话"、石的"传说"，也是石的"故事"、石的"历史"，一篇一段，一文一则，都将奇石与我们的生活联系起来，既是趣闻，也是文化。

一、女娲的补天石

　　从抟土造人到炼石补天，从黄泥土到五色石，女娲的形象在口传或书面文本中广泛流传、叙事多元。儒释道各家在文本中寻找遥远的象征，文人骚客用它来写诗作文，更多的人，是把它当做神话传说来讲述。

奇
石
物
语

一块什么样的天破了可以用石来补？一块什么样的石可以用来补天？这些传说从远古洪荒一直讲述到今天，这些问题也一直有人在问。天地玄黄，远古洪荒，五彩石就这样闪亮登场，几千年后，我们仍然可以感受到远古先民想象的张力和文本叙事的宏大。

《淮南子》是西汉淮南王刘安及其门客李尚、苏飞、伍被、左吴、田由等八人，仿《吕氏春秋》集体撰写的一部著作。原书内篇二十一篇，外篇三十三篇，现存世的只有内篇。这部书的思想内容接近于道家，同时夹杂着先秦各家的学说，因此《汉书·艺文志》将其列入杂家类。梁启超说："《淮南子》匠心经营，极有伦脊，非漫然獭祭而已。"

《淮南子·览冥训》记载："往古之时，四极废，九州裂，天不兼覆，地不周载，火爁烈而不灭，水浩洋而不息。猛兽食颛民，鸷鸟攫老弱。于是女娲炼五色石以补苍天，断鳌足以立四极，杀黑龙以济冀州，积芦灰以止淫水。苍天补，四极正，淫水涸，冀州平，狡虫死，颛民生。"意思就是，洪荒年代，擎天四柱倾倒，天崩地裂，大地烈焰升腾难以扑灭，水势汹涌长流不尽。凶猛的野兽专吃黎民百姓，凶残的鸟用利爪抓走老人和小孩。于是，女娲炼五色石来修补苍天的漏洞，砍断巨龟的脚来做撑起四方的擎天柱，杀死黑龙来拯救大地，用芦灰来堵塞洪水。天空被修补完好，天地四方的柱子重新竖立起来，洪水消退，大地恢复了平静，人们得以生存下来。

上古神话的神秘之处就在于每一个文字和表述背后都"暗藏玄机"。有人会发问，这里的五色石是玉石吗？苍天是石头做的吗？为什么要用石头去补？炼石要怎么炼？现代科学的客观严谨在古人充满想象力的解释面前也略显无力。四大名著之一的《红楼梦》第一回就回溯了女娲炼五色石补天的典故，《红楼梦》在某种程度上可以看作是对这一叙事的延伸和变形。

今天所说的五色石是那种外表珠圆玉润，小巧玲珑，晶莹透明似玛瑙，深红圆润似樱桃，有的又似翡翠或珊瑚，石内"多含水珠，有类空青"。当然，我们还不能确定女娲当年用来补天的是不是就是这种石头。或许，这些都显得不那么重要，重要的是五色石背后的故事和寓意。

石不言语，但懂石头的人，自然会懂得其中奥妙。

二、泰山石敢当

"昔，盘古之死也，头为四岳，目为日月，脂膏为江海，毛发为草木。秦汉间俗说：盘古头为东岳，腹为中岳，左臂为南岳，右臂为北岳，足为西岳……"这是梁人任昉在《述异记》中所写。从盘古开天辟地到死后头化为泰山，其中不难看出泰山地位之重。据《史记集解》所载："天高不可及，于泰山上立封禅而祭之，冀近神灵也。"古人形容"泰山吞西华，压南衡，驾中嵩，轶北恒，为五岳之长"。中国传统文化认为，东方为万物交替、初春发生之地，故泰山有"五岳之长"、"五岳独尊"的称誉。因其气势之磅礴为五岳之首，故又有"天下名山第一"的美誉。在中国传统的文化心理中，泰山是一座神山、一座灵气之山。所有的这些，和后来泰山封禅以及对泰山的崇拜密切相关。

从神话的解释中足已看出泰山在中华文化中的地位，而地质学的解释则更加让我们为这几十亿年间的变化感到震撼：鲁西地区曾是巨大的沉降带或海漕。造山运动使沉降带上的岩层褶皱隆起为古陆，形成规模巨大的山系，再经历长达二十亿年的风化剥蚀，地势才逐渐平缓。距今六亿年前左右，泰山再次沉入大海，大约又经历一亿多年，整个地区再次抬升为陆地，古泰山隆起为一个较为低矮的荒丘。距今约一亿年前的中生代晚期，由于太平洋板块向欧亚大陆板块的挤压和俯冲，泰山在燕山运动的影响下，地层发生广泛褶皱和断裂。在频繁的

地壳运动中，泰山山体快速抬升，距今约三千万年前的新生代中期，今天的泰山轮廓基本成形。这些直接而不带感情色彩的描述更让我们在这无尽的时空中感觉到了泰山的伟大，如奇迹一般。

许多民俗研究学者都认为，"泰山石敢当"的产生是中国古代灵石崇拜和泰山崇拜的发展和变迁，最初的观念是"丸石于宅四隅，则鬼能无殃也"（《淮南万毕术》)，其实古

灵石崇拜的习俗可以追溯到更早的时期。慢慢地，出现了人格化的"石敢当"。这是民间的解读，也是民间的智慧。2006年，"泰山石敢当习俗"入选中国首批非物质文化遗产名录。这一习俗流传的范围很广，其涵盖的内容也不仅仅是其字面所表示的"泰山"和"石敢当"那么简单。

泰山石敢当，被赋予了传奇味道，民间传说也很多。

其一，相传在黄帝时代，黄帝与蚩尤大战，刚开始蚩尤所向披靡，蚩尤得意便猖狂，登泰山而渺天下，大呼："天下有谁敢当？"女娲要制其暴，于是投下镌刻着"泰山石敢当"五个大字的炼石，大喝一声："泰山石敢当！"蚩尤看到这块石头很生气，想尽办法要毁坏此石，却不能损坏石头的任何一角，只得仓皇落败。黄帝见状，于是在许多石头上刻上"泰山石敢当"五个大字，四处设置，用于震慑蚩尤。

其二，传说泰山脚下住着一个壮士，姓石，名敢当，勇猛无畏，好打抱不平。当地王员外的千金小姐受到妖怪纠缠，于是员外家就贴告示求救："谁能降此妖，愿将女儿许配为妻。"石敢当决心除害，便手持宝剑藏于小姐房中，当妖怪进来时，他举剑大喝一声："泰山石敢当在此！"妖怪闻言一惊，吓得狼狈逃走。王小姐和石敢当小两口过起了美满的小日子。但谁知妖怪逃走后，又跑到别村去祸害他人。一旦石敢当前去除妖，妖怪又跑到其他地儿去造孽。石敢当没有分身法，穷于奔命，正在不知如何是好之时，聪明的王小姐对他说："何不把你的名字刻在石碑上，放在宅墙上镇妖呢？"于是，人们纷纷在泰山石上雕刻"泰山石敢当"五字，立于墙根、街巷、桥头，以保村宅平安。

这些来自不同层面的解释，并不是矛盾或冲突的表现，我们从中可以看到文化的交流、融合和发展。所有的解释最后都指向一块刻有五个字的石碑。这些不同，代表的是在不同的时空中的文化、观念和阐释。

三、孟尝君与泗滨美石

孟尝君，名田文（？～前279年），战国四公子之一，齐国宗室大臣，以广招宾客，食客三千闻名。孟尝君与美石之间也有一段传奇故事。

孟尝君当薛公的时候，听说泗河的水边出产有很多美石，就派使者带着礼物去求取美石。泗河水边的人问道："你们准备用这个美石做什么啊？"使者回答说："我们君主被封于薛地，在宗庙上的祭祀典礼中要演奏朝会上所用的音乐，要是没有您这里的石头，没法制作磬，音乐就演奏不了，希望您能考虑我们的请求，给我们一些美石。"泗河水边的人听说是将美石用来做磬，很高兴，便向管理乡里事务的年长者恭敬地引荐孟尝君的使者，然后进行斋戒，在众多美石中选了一块，并派了一支由十辆车组成的车队，把美石送给了孟尝君。

孟尝君招待泗河水边的人住下，并把美石放置在朝会的地方。不久之后的一天，内宫的柱础碎了，一时找不到合适的石材，孟尝君就命令用泗滨美石来制作柱础。泗河水边的人听说后，心里觉得很不是滋味，就向孟尝君告辞说："小地方的石头，是天地生成的。过去大禹平息水灾，命令掌乐之官后夔取来进献给坛庙，用来和谐各种乐器，各种乐器的声响依靠它来演奏……制作祭品时，定为进献的贡品，供奉给神明，不敢亵渎。您派使者来请求我们，说是将美石用来制作磬尊崇宗庙的祭祀，我们畏惧您的威势，不敢不提供美石。我们虔诚斋戒，恭敬地对待使者，之后给您送来美石。您将它放置在朝会的地方，没有马上决定使用的方式，我们也不敢进行请求。现在听到掌管殿堂的人说这块美石将用来做内宫的柱础，属下实在难以接受。"他们不行礼就回去了。各国的宾客听到此事后也都离开了。

听说各国的宾客都离开了，秦国和楚国认为有机可乘，于是一起谋划讨伐齐国。孟尝君知道后非常恐惧，赶紧命人驾车前往泗河水边亲自去道歉，将泗河水边的人迎接回来，并迎请美石进入宗庙，用来制作磬。各国的宾客听说此事后又都回来了。秦国和楚国一看无机可乘，军队也就解散了。

后来，有见识的人说："国君的举动，不能不慎重啊，就跟这事儿一样。孟尝君对一块石头失去信用，就不得人心，更何况得罪贤能的人呢！虽然如此，孟尝君也是个能弥补过错的人，齐国恢复强盛，不也是很正常的吗？"

四、天雨花成就雨花石

南北朝时期梁朝有一个法号叫云光的和尚，他自幼出家，虔心礼佛，立志要劝世人向善。他为了解救百姓劫难，就四处云游，为人讲解佛旨。当时佛教传进中国不久，信众还不是太多，云光每到一处开讲佛法时，听众都寥寥无几，时间一长，云光开始有点泄气了。

有一天傍晚，云光讲完佛法后，正坐在路边叹息，突然面前出现了一个老太太，送给云光一双麻鞋，叫他穿着这双麻鞋去四处传法，麻鞋在哪里烂掉，就可以在那里安顿下来弘扬佛法。老太太说完话就突然不见了，云光明白这一定是菩萨在指示他。

据说云光不知走了多少地方，脚上的麻鞋总穿不烂。一天，他来到南京城的一座石岗子上，麻鞋突然断烂了。他就在石岗上停下来，广结善缘，开讲佛经。开始听的人还不太多，一段时间后，信众就越来越多了。有一天，他宣讲佛经的时候，讲得非常好，一时感动了天神，天空中飘飘扬扬下

起了五颜六色的雨。这些雨滴一落到地上，就变成了一颗颗晶莹圆润的小石子。由于这些小石子是天上落下的雨滴所化，人们便称之为"雨花石"，并把云光讲经的石岗子称作"雨花台"。六朝古都——南京因此增添了一道风景："雨花说法"，这是"金陵十八景"和"金陵四十八景"之一。

　　除了云光讲法之外，我们还能找到其他解释雨花石来历的版本，石头和人物共同构架了故事的动人和不朽。回到现实的语境中，再来看这个故事，或许更能参见动人传说背后的宏旨大义。雨花石是一种天然玛瑙石，天然的雨花石由于表面粗糙，要放入水中才能充分显现其光彩，雨花石从孕育到形成，经过了原生形成、次生搬运和沉积砾石层等过程，是大自然一步一步、一点一滴地构造而成，微妙之处不言而喻。

一般提到雨花石人们通常会联想到南京雨花台，都以为雨花石就是产自雨花台一带，实际上雨花石主要出产于江苏南京六合区，为当地开采砂矿的附属物，故而有"一吨黄沙四两石"之说。

位于南京云南路北阴阳营8号大院内的北阴阳营遗址，属于新石器时代的文化遗址，距今约五六千年，经考古研究者发掘调查，认为此处是南京最早的人类居住地。考古人员在北阴阳营遗址现场发掘出七十六粒"花石子"，这种"花石子"就是现在我们所说的雨花石，一些人认为在北阴阳营文化时，此地的居民就已经开始赏玩雨花石。这可能只是一个推测，但也可能是一段真实的历史。试想，生活在这片土地的祖先们会用怎样的语言谈论这些历经沧桑方显光彩的石头呢？

五、五柳先生与"醉石"

五柳先生，名陶潜，又名渊明，字元亮，是东晋末南朝宋初的著名诗人、文学家、辞赋家、散文家。东晋浔阳柴桑（今江西九江）人。曾做过几年小官，后辞官回家，从此隐居，过着"采菊东篱下，悠然见南山"的田园生活。田园生活是陶渊明诗的主要题材，他的《饮酒》、《归园田居》、《桃花源记》、《五柳先生传》、《归去来兮辞》等名篇让后人无法忘记。岁月斑驳了石面，却斑驳不了陶渊明这些诗文对后人的影响。

自古圣贤皆寂寞，唯有饮者留其名。酒不醉人人自醉，石不醉人人亦自醉，天下醉人的酒多，多到成千上万，而醉人的石少，只有几块，其中就有庐山山南的陶渊明"醉石"。这块曾经把五柳先生送入梦乡的石头，也因五柳先生而名闻天下。

从陶渊明的故居出来，穿过大道，步行约一里便有座山，顺山坡而上，绿荫环抱中有一个亭子，亭子的匾额上书有"醉石亭"三个字，再转过一个山坳，即能看到一块大石，这就是陶渊明醉石。醉石长三米余，宽、高各两米。醉石壁上有北宋皇祐三年（1051 年）

欧阳修等三人的联名题刻。醉石背面，有碎石可助攀登。

醉石平如台，遍布题刻诗文。醉石左下方有朱熹手书"归去来馆"四个大字。大字上方有小字，为嘉靖进士郭波澄《题醉石》诗：

> 渊明醉此石，石亦醉渊明。
>
> 千载无人会，山高风月清。
>
> 石上醉痕在，石下醒泉深。
>
> 泉石晋时有，悠悠知我心。
>
> 五柳今何在，孤松还独青。
>
> 若非当日醉，尘梦几人醒。

《南史》记载，陶渊明"醉辄卧石上，其石至今有耳迹及吐酒痕焉"。据说，陶渊明每次醉酒都卧于石上，久而久之，石头上也有了酒气，这就是把此石称为"醉石"的来历。

想必那些诗篇也有醉石的一份功劳吧。至少，从陶渊明开始，这块醉石开始来回在诗人们的字里行间跳动，它在觥筹交错间被提起的次数亦不少。元朝江西吉安人龙仁夫就曾写有一首《醉石》：

> 净社归来倒石床，醒余肝胆卧松篁。
>
> 行人只赏陶公醉，谁识悲凉述酒章？

六、白居易与太湖石

中国赏石文化至晚唐资料渐丰，论述石文化的藏家辈出，白居易为其中之佼佼者。白居易一生写了不少关于石头的诗，《双石》《莲石》《太湖石》《问支琴石》《北窗竹石》等诗篇都得以传世。

白居易根据赏石心得，归纳出"爱石十德"，这"十德"为"养性延容颜，助眼除睡眠，澄心无秽恶，草木知春秋，不远有眺望，不行入洞窟，不寻见海浦，迎夏有纳凉，延年无朽损，升之无恶业"。由赏石而进入崇高的道德境界，这是古今中国文人赏石的独特风范。

有一次白居易在洞庭湖口，从小吏处得到两片太湖石，双峰并秀，若夏云突兀，他欣喜若狂，忙用船只经水路将奇石运至洛阳履道里，亲自洗刷污垢，用烟熏烤，然后竖起来观赏，名之为"涌云石"，并写下了这首《涌云石》：

苍然两片石，厥状怪且丑。

俗用无所堪，时人嫌不取。

结从胚浑始，得自洞庭口。

万古遗水滨，一朝入吾手。

担舁来郡内，洗刷去泥垢。

孔黑烟痕深，罅青苔色厚。

老蛟蟠作足，古剑插为首。

忽疑天上落，不似人间有。

一可支吾琴，一可贮吾酒。

峭绝高数尺，坳泓容一斗。

五弦倚其左，一杯置其右。

洼樽酌未空，玉山颓已久。

人皆有所好，物各求其偶。

渐恐少年场，不容垂白叟。

回头问双石，能伴老夫否？

石虽不能言，许我为三友。

在诗中，白居易将两片太湖石的形态、弹窝、孔穴描绘得淋漓尽致。

白居易不仅采石，而且还借石、赠石。他在《杨六尚书留太湖石在洛下，借置庭中，寄赠绝句》中云："借君片石意如何，置向亭中慰索居。每就玉山倾一酌，兴来如对醉尚书。"他还在《莲石》中写道："青石一两片，白莲三四枝。寄将东洛去，心与物相随。"以石传情，以石交友，体现了人石之间纯真的感情。

　　唐大和九年(835年)，有山客赠送白居易一块大磐石，转运至洛阳履道里宅内。此时正值盛夏，傍晚坐在上面，透心凉爽。白居易非常高兴，他让匠人立即刻《磐石铭》于石上："客从山来，遗我磐石。圆润腻滑，广袤六尺。……置之竹下，风扫露滴。坐待禅僧，眠留醉客。清泠可爱，支体甚适。便是白家，夏天床席。"这醉眠之石让人想起了陶渊明的醉石，不同的人物在不同的时代，是否会有着相同的心情呢？

　　白居易做过苏州刺史，他对太湖石尤其喜爱。他在《太湖石》诗中写道：

远望老嵯峨，近观怪嵌崟。

才高八九尺，势若千万寻。

嵌空华阳洞，重叠匡山岑。

邈矣仙掌迥，呀然剑门深。

形质冠今古，气色通晴阴。

未秋已瑟瑟，欲雨先沉沉。

天姿信为异，时用非所在。

磨刀不如砺，捣帛不如砧。

何乃主人意，重之如万金。

岂伊造物者，独能知我心。

此惟妙惟肖的描写，白居易在其《太湖石记》中还有重笔，特别是"三山五岳，百洞千壑，覼缕簇缩，尽在其中。百仞一拳，千里一瞬，坐而得之"之句，常为后人称颂。大和三年 (829 年)，五十八岁的白居易退隐大唐东都洛阳，直至仙逝。大和五年 (831 年)，白居易在洛阳香山重修香山寺，自号香山居士，俨然佛门老僧，时人敬称"白神仙"。白居易在《北窗竹石》中写道：

一片瑟瑟石，数竿青青竹。

向我如有情，依然看不足。

况临北窗下，复近西塘曲。

筠风散余清，苔雨含微绿。

有妻亦衰老，无子方茕独。

莫掩夜窗扉，共渠相伴宿。

他把石头视为妻与子，与其做伴，"共度"晚年。

在江苏苏州枫桥一带，传诵着一个新媳妇与丈夫的故事：也不知是何朝何代，一对夫妇刚新婚不久，丈夫便被征召服役，漂亮贤惠的媳妇日夜站在江边等着丈夫回来。也不知等了多少时日，一日见魁伟的丈夫刚过百步街（山岭名）便扑了过去……据说后来便成了新妇石与丈夫石。新妇石（亦称石新妇）在枫桥镇江边，由三块巨石叠成，底为基石；第二块圆柱形大石顶在基石上，向江边倾斜；在圆柱形岩石上又有一圆形巨石，俗称为"三矶石"。白居易还就此写过一首《新妇石》：

堂堂不语望夫君，四畔无家石作邻。

蝉鬓一梳千岁髻，蛾眉长扫万年春。

雪为轻粉凭风拂，霞作胭脂使日匀。

莫道面前无宝鉴，月来山下照夫人。

七、嗜石宰相李德裕

李德裕（787～850年），唐代文学家、政治家。字文饶。赵郡（今河北赵县）人。宰相李吉甫之子。唐武宗会昌元年（841年）始，李德裕为相六载。在为相期间，他内制宦官，外定幽燕，击回纥，平泽潞，震南诏，说得上是功勋卓著，因此被封为卫国公。

李德裕于宰相任内，在洛阳南郊龙门山修建平泉山庄。他对修建此园极为重视，请了不少能工巧匠，又将大批的奇石如泰山石、灵璧石、太湖石、巫山石、罗浮石等运到平泉山庄，能工巧匠们以高超的造园技巧，配以珍木异卉、湖溪流水，精心构筑了名山大川般的景观。平泉山庄修筑完后，李德裕对其中的景观颇为自得，认为不必劳心费力长途跋涉去游览名山大川了，平泉山庄中的风光就很好了。这在《题罗浮石》诗中可窥见一斑：

清景持芳菊，凉天倚茂松。

名山何必去，此地有群峰。

李德裕还在《题奇石》诗中饱含感情地描写了平泉山庄的一块石头：

> 蕴玉抱清辉，闲庭日潇洒。
> 块然天地间，自是孤生者。

这是平泉山庄众多奇石中，李德裕至爱的一方醒酒石。明代林有麟《素园石谱》记述：李德裕"醉即踞卧其上，一时清爽"。五代十国时期，李德裕的平泉山庄为丹阳王守节所得。王守节整修园林时，从地下挖出数千方奇石，醒酒石即其一。北宋哲宗时，醒酒石被征入宫中，安放在筑月台；徽宗时置于宣和殿；钦宗朝发生"靖康之难"，醒酒石不知所终。

李德裕非常宝爱他的这些奇石，曾给后人留下遗言："凡将藏石与他人者，非吾子孙。"可见他心目中这些奇石的分量。

八、东坡先生的诗与石

"他是一个无可救药的乐天派，一个伟大的人道主义者，一个百姓的朋友，一个大文豪、大书法家、创新的画家，一个造酒试验家，一个工程师，一个憎恨清教徒主义的人，一位瑜伽修行者、佛教徒，一个巨儒政治家，一个皇帝的秘书、

奇
石
物
语

酒仙、厚道的法官，一位在政治上专唱反调的人。他也是一个月夜徘徊者，一个诗人，一个'小丑'。"这是林语堂在《苏东坡传》中对苏东坡的描述。"唐宋八大家"之一的苏东坡多才多艺，在很多领域有较高的造诣，此外，他也非常爱石，收集了不少奇石，并为这些奇石赋诗为文。

他收集的奇石中，仇池石是最有名的。

苏东坡在扬州期间寻得两块奇石，一块为绿色，一块为玉白，石上之纹如迤逦山峦，有云穿于山脊。他十分珍爱这两块奇石，就借杜甫"万古仇池穴，潜通小有天"诗句命名为"仇池石"。苏东坡将这两块奇石置于案头，每天都要玩赏一番，乐此不疲。还作有一首诗：

海石来珠宫，秀色如蛾绿。

坡陀尺寸间，宛转陵峦足。

连娟二华顶，空洞三茅腹。

初疑仇池化，又恐瀛洲蹙。

殷勤峤南使，馈饷扬州牧。

得之喜无寐，与汝交不渎。

盛以高丽盆，藉以文登玉。

幽光先五夜，冷气压三伏。

老人生如寄，茅舍久未卜。

一夫幸可致，千里还相逐。

风流贵公子，窜谪武当谷。

见山应已厌，何事夺所欲。

欲留嗟赵弱，宁许负秦曲。

传观慎勿许，间道归应速。

人怕出名，石也怕出名，这两块仇池石被苏东坡的好友、当朝驸马王诜看中，借走赏玩便长期不还，苏东坡一连写了八首诗去索要，王诜却百般推诿，拒不归还。无奈之下，苏东坡只好以牙还牙，提出要借王诜收藏的唐代大画家韩幹所画的《二马图》拿回家欣赏。王诜怎么舍得借出去呢，无奈之下，只好归还苏东坡的仇池石。

公元 1093 年，宋哲宗亲政，重新起用新党，把苏东坡作旧党要员处置，贬知定州。这期间，苏东坡在居所后花园中偶得一石，石之纹理颇似当时著名画家蜀人孙位、孙知微所画的泉水在石间奔流、浪花飞溅之态，他如获至宝，将其命名为"雪浪石"。清道光年间修订的《定州志》中记录了苏东坡当年得到此石后写下的文字："余于中山后圃得黑石，白脉中涵水纹，有如蜀孙位、孙知微所画石间奔流，尽水之变。又得白石为大盆盛之，琢盆为芙蓉，激水其上，名其室曰'雪浪斋'，且勒铭于盆唇……"铭曰："尽水之变蜀两孙，与不传者归九原。异哉驳石雪浪翻，石中乃有此理存。玉井芙蓉丈八盆，伏流飞空漱其根。东坡作铭岂多言，四月辛酉绍圣元。"

后人在苏东坡的诗文中见识到了雪浪石的奇妙，苏东坡离世以后，这块石头也并不孤单，有皇帝为其作诗，有画家为其作画。"写成的诗歌是丰富的生活世界的一个断片，这

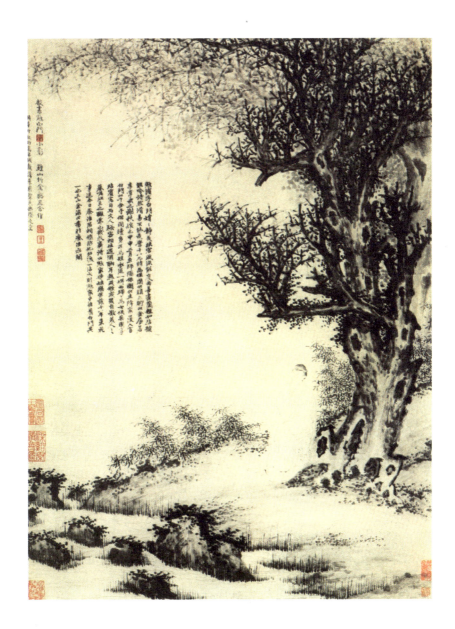

种许诺在即兴诗中表现得最为强烈。中国文学作为一门艺术，它最为独特的属性之一就是断片形态：作品是可渗透的，同做诗以前和做诗以后的活的世界联系在一起"，这是宇文所安在《追忆》一书中关于中国古典文学的一种解读，姑且让我们套用宇文所安在《追忆》中的说话方式，或许苏东坡最初为雪浪石写下文字就是为了被追忆，让后人们继续书写雪浪石。这种书写，在回望已经属于过去式的东坡先生的同时，也望向不确定的将来，通过这块石头，过往、当下和将来都同时在场。

还有一块石头，苏轼曾经想把它收来与仇池石为伴，但最终未能如愿，成了他心头的一个遗憾，不过这一错失，却又成就了一段令人难忘的故事。

公元 1094 年，苏东坡贬知英州（今广东惠州），流放到时为瘴疠之乡的岭南。苏东坡在流放途中携带着"仇池石"，经过江西彭蠡湖口时，在藏石家李正臣家中见到一块奇石，这块石头高起的部分耸立挺拔像巨峰，低下的部分委婉曲折如深谷，整体宛如九华山缩微在石中，他想出一百两黄金买下此石，使其与仇池石为伴，但因南迁而没顾上，他将此石取名为"壶中九华"，并题诗一首《壶中九华山并引》：

> 清溪电转失云峰，梦里犹惊翠扫空。
> 五岭莫愁千嶂外，九华今在一壶中。
> 天池水落层层见，玉女窗明处处通。
> 念我仇池太孤绝，百金归买碧玲珑。

从这首诗中我们不难看出苏轼南下途中的复杂心情，这位在当时已是六十高龄的老人万里投荒，其中的孤苦和悲凉不言而喻，而这些心情都通过两块石头传达出来了。诗人在写这首诗的时候已经表明了北归之时一定要"百金归买碧玲珑"。1101 年，苏东坡经南岭北归，再次路过湖口，心里还惦记着那块石头，于是又去拜访李正臣，但"壶中九华"早已被别人买去，苏东坡郁闷失落中写下了《壶中九华山并序》：

江边阵马走千峰，问讯方知冀北空。

尤物已随清梦断，真形犹在画图中。

归来晚岁同元亮，却扫何人伴敬通？

赖有铜盆修石供，仇池玉色自璁珑。

是年六月，苏东坡在常州去世。但关于这块石头的故事并没有停止。第二年五月，苏东坡的好友黄庭坚自荆南放还，系舟湖口，李正臣持东坡诗来见，黄庭坚写下了《追和东坡壶中九华》一诗：

有人夜半持山去，顿觉浮岚暖翠空。

试问安排华屋处，何如零落乱云中。

能回赵璧人安在，已入南柯梦不通。

赖有霜钟难席卷，袖椎来听响玲珑。

　　苏东坡爱石、嗜石，在玩石实践中，不仅题词赋诗，而
且还为奇石趣闻做出了诸多贡献，所著《怪石供》就是其一。
《怪石供》中说道：

　　《禹贡》：青州有"铅、松、怪石"。解者曰："怪石，
石似玉者。"今齐安江上往往得美石，与玉无辨，多红
黄白色，其文如人指上螺，精明可爱，虽巧者以意绘画
有不能及，岂古所谓"怪石"者耶？

　　凡物之丑好，生于相形，吾未知其果安在也。使世
间石皆若此，则今之凡石复为"怪"矣。海外有形语之
国，口不能言，而相喻以形；其以形语也，捷于口。使
吾为之，不亦难乎？故夫天机之动，忽焉而成，而人真
以为巧也。虽然，自禹以来怪之矣。

　　齐安小儿浴于江，时有得之者。戏以饼饵易之，既久，
得二百九十有八枚。大者兼寸，小者如枣、栗、菱、芡。
其一如虎豹，首有口鼻眼处，以为群石之长。又得古铜
盘一枚，以盛石，挹水注之粲然。而庐山归宗佛印禅师

适有使至，遂以为供。

禅师尝以道眼观一切，世间混沌空洞，了无一物，虽夜光尺璧与瓦砾等，而况此石。虽然，愿受此供，灌以墨池水，强为一笑。使自今以往，山僧野人欲供禅师而力不能办衣服饮食卧具者，皆得以净水注石为供，盖自苏子瞻始。时元丰五年五月。黄州东坡雪堂书。

这是一篇优美的文章，意思大体如下：《禹贡》上说，青州产"铅、松、怪石"，懂得的人说"怪石，是石头中像玉石的"。今齐安江上经常有人捡到好看的石头，像玉石一样，多是红、黄、白色，上面的花纹就像人手指上的螺纹，十分精巧，惹人喜欢。即使画工再好的人也认为绘画比不了这石头的妙处，这难道就是古人说的"怪石"吗？

但凡世间万物的美丑之别，都是相比之下产生的结果，我也不知道为什么会这样。假如世间的石头都像这样，那么现在看起来觉得很平凡的石头反而会变成"怪石"了。海外有用"形语"的地方，他们彼此不说话，而是做手语交流。他们用动作比用语言方便多了。要是让我用比划代替言语的话，不是也会很难么。所以说吧，这些东西由神秘大自然产生，好像是一下子就创造出来的，在凡人看来就非常的巧夺天工。即使这么说，从禹那时起到现在人们就一直惊诧怪石的存在。

齐安的小孩子们经常到河边玩，经常有捡到怪石的。我用吃的饼逗他们换来石头，久而久之，竟然得了二百九十八枚。大的有寸多长，小的像枣、栗、菱、芡那么大。其中有块石头的形状像虎豹，头上还有口鼻眼，我把它当做群石的首领。又得到一个古铜盘子，用它来装石头，再往里面注水，感觉会璀璨发亮。恰巧庐山的归宗佛印禅师派人来，于是我将其送去作为供养。

禅师用悟道的眼光观察一切，把世上混乱的东西都看成空洞之物，视夜明珠与瓦砾等同，更何况我这些石头呢？即便如此，还是请您愿意接受把这种东西作为我的供品，灌上墨池水，勉勉强强就当个娱乐吧！假如今后山僧野人想要供奉禅师又没钱办好衣食住行的人，都用净水注石头作为供奉，那就是从我这儿开始的吧。

九、米芾拜石

宋代画家米芾，徽宗诏其为书画学博士，人称"米南宫"。米芾的号颇多，有襄阳漫士、海岳外史、鹿门居士等，但都来得实在，他能诗文，擅书画，精鉴别，为宋四大书法家

之一。其书法作品大至诗帖，小至尺牍、题跋，都具有痛快淋漓、欹纵变幻、雄健清新的特点，书法成就列苏东坡和黄庭坚之后，蔡襄之前。书体潇洒奔放，又严于法度。正因此，《宋史·文苑传》曰："（芾）特妙于翰墨，沉着飞翥，得王献之笔意。"

米芾的书法影响深远，其传世墨迹主要有《苕溪诗卷》、《蜀素帖》、《方圆庵记》、《天马赋》等，而翰札小品尤多，特别是在明末，学者甚广，如文徵明、祝允明、陈淳、徐渭、王觉斯、傅山这样的大家也都从中吸取精华。从书法上升到书论，这也是米芾的贡献，从现有古籍来看，著名的就有《史书》、《海岳名言》、《宝章待访录》、《评宁帖》等。

而与奇石的结缘，或许是他最有趣最让人难忘的雅事，他爱石成痴，所以被称为"石圣"，所以才有"米癫"的雅号。相传他在无为做知州时，见到一块奇丑无比的巨石，大喜道："此石足以当吾拜！"随后着官服，执笏板，向奇石行叩拜之礼，称之为"石兄"。稍后觉得还不够尊重，便改口称"石丈"。知道此事的人们对此议论纷纷，这一近乎于"痴"的举动也成为朝廷内的谈资笑柄。

据说米芾当时经常头戴高帽、身着长袍在街上走，无论别人给他什么样的石头他都特别高兴。碰到他中意的石头，他会直接叩拜，称石头为兄弟。率性、自我的米芾不喜条条框框的规定，在当时不免招来非议。但也许正是这样的性格，才能开启独属于他自己的风格以及无尽的影响力吧。

宋人费衮《梁溪漫志》卷六中，记有米芾另一件拜石之举。米芾在做濡须太守时，听说河边空坝上有一件怪异大石，当地人认为是神异之物，不敢移动。米芾见到后，十分惊异，下令将这块奇石运回州郡。他命下属摆宴招待这块石头，然后他跪拜于石前，说："我想见到石兄你已经二十年了。"

当然，作为文化大家的他也毫不吝啬地赋诗赞道：

万年练就丰骨态，不语沉默意是金。

余自面石悟真意，笑思尘嚣已成林。

米芾终日把玩奇石，以致有时会不出府门一步；时间一长，必然会影响施政。有一次，督察使杨杰到米芾任所视察，得知此事后非常严肃地对米芾说："朝廷把千里郡邑交你管辖，你怎么能够整天玩石头而不管郡邑大事呢？"米芾没有正面回答，却从袖中取出一枚清润玲珑的灵璧石，拿在手中反复把玩，自言自语："如此美石，怎能不令人喜爱？"杨杰一瞥他手中的灵璧石，未予理睬。之后米芾又从袖中取出另一枚更加奇巧的灵璧石，又说："如此美石，怎能不令人喜爱？"杨杰心中暗暗称奇，但仍不动声色。米芾从袖中取出最后一枚灵璧石，此石的色、纹、质、声俱臻上乘，乃石中极品，他还是说："如此美石，怎能不令人喜爱？"杨杰终于开口："难道只有你喜欢？我也非常喜爱奇石。"说着一把将那枚灵璧石夺了过去，不再惦记视察的目的，心花怒放地走了。

据记载，米芾曾为一块研山石写过一首诗，即《题苍雪堂研山》：

五色水，浮昆仑。

潭在顶，出黑云。

挂龙怪，烁电痕。

下震霆，泽厚坤。

极变化，阖道门。

这里说的苍雪堂研山，即海岳庵研山。海岳庵为米芾所建，毁于明末。

一次路过米芾当年任职的润州，我还真痴想，如果在喧闹的市井中遇到这位头戴高帽、身着长袍、得石而狂喜的米癫，如果还带得一块石头相赠，不知他会不会高兴得跳起来。

十、"友石先生"有石足矣

明代画家米万钟，字仲诏，号石友，又号石隐庵居士，原籍陕西安化。他有好石之癖，善山水、花卉，书法行草俱佳，既有南宫篆法，也有章草遗迹。他与董其昌齐名，人称"南董北米"，书迹流传甚多。《书史会要》说米万钟："擅名四十年，书迹遍天下。"

米万钟是米芾的后裔，据说他收藏石头的痴迷劲儿绝不在"米癫"之下，但"友石先生"这个称呼显然比"米癫"要文雅很多。

把有限的生命用在自己喜欢的事物上，或许是人生最大的乐趣，米万钟就是这样的典型性代表。为了收藏奇石，他不怕艰险，跋山涉水；对收到的每一块石头都细心观察，画貌题赞，并为其作"传"——并在这个基础上产生了一部名作：《画石长卷》，如今收藏在北京大学图书馆。

万历二十四年，米万钟出任六合知县时，生平第一次见到雨花石，叹为奇观，于是出高价收购。"上有所好，下必甚焉"，当地藏家争相献石，大量奇石马上汇聚到他的手里。他收藏的雨花石贮满了大大小小的器皿。空闲时，他常于"衙斋孤赏，自品题，终日不倦"。其中有十五枚绝佳的奇石，分别题以"庐山瀑布"、"藻荇纵横"、"万斛珠玑"、"苍松白石"等美名。每请人观赏这些奇石，"友

痕上階綠　草色入簾青　談笑有鴻儒　往來無白丁　可以調素琴　閱金經　無案牘之勞形　絲竹之亂耳　若飛南陽諸葛廬西蜀　子雲亭孔子云

石先生"都要先"拭几焚香，请宴示客"。据《江宁府志》引宋荦《筠廊偶笔》中记载："米友石先生万钟，明万历中为六合令，好石。六合文石得名自公始。……公珍藏六合石甚多，有一枚如柿而扁，彩翠错杂，千丝万缕，即锦绣不及也。一日，舟泊燕子矶，月下把玩，失手堕江中，多方捞取不得。明年，复系缆于其处，忽见江面五色光萦回不散。公曰：此必吾石所在！命篙师没水取出，果前石也。后此石与七十二芙蓉砚山同殉公葬。"于这段记载可知，六合文石得名是自米万钟开始的，所殉葬的那枚文石，当是雨花石中千年难觅的神品。

相传有一次官至太常寺卿的米万钟来到大房山访石，发现一块长八米、宽两米、高四米的巨石。此石经自然风化，通体千孔百穴，嶙峋瘦透，堪称奇石。米万钟想要将此石搬到北京府内收藏。这块石头太大太重，不方便搬运，但这块石头"昂首而俯，足跋而敛，濯之色而青，叩之声而悦"，米万钟实在太喜欢这块石头，决定花费巨资从大房山运到良乡。就在准备运到他的芍园时，他遭到魏忠贤诬告而被罢官。这样一来，这块巨石就被遗弃在路边。当地乡民认为不吉利，称其为"败家石"，从此无人问津。

这个故事很大程度上是民间对魏忠贤党羽和米万钟之间矛盾的一个演绎。孙承泽在《天府广记》的《米万钟传》中记载了一件事，大意是魏忠贤的党羽为了吹捧他，在南京为他修建生祠，他们邀请路过南京的米万钟为魏忠贤唱赞歌，谁料"万钟怒斥其人去"。政治诉求和人生追求上的相异，应该才是背后的真正原因。

历史，是评价人和事的公正法官，当时就曾有朋友赠诗："米公弄石如弄丸，十年改邑不改官。"明人邹漪在《米长史传》中说他"性简默厚生，于利欲淡然"。这是对米公简洁而独到的评价。想必对于"友石先生"而言，有石足矣。

十一、蒲松龄与奇石

蒲松龄（1640～1715年），字留仙，一字剑臣，别号柳泉居士。山东淄川人，世称"聊斋先生"。

蒲松龄钟情于奇石，在《聊斋志异》中专门以痴人爱石为体裁，写了一篇小说《石清虚》。《石清虚》中"性喜佳石"的邢云飞收藏了一块有灵性的石头，与其结下生死不离的奇缘。小说中交代，这块奇石来自清虚天，即道教传说中的仙境；蒲松龄对奇石作了细致入微的描写："石径尺，四面玲珑，峰峦叠秀"，"每值天欲雨，则孔孔生云，遥望如塞新絮"。"前后九十二窍，孔中五字云：'清虚天石供'"，"细如粟米，竭目力才可辨认"。邢云飞将奇石供于案头，有豪强抢夺；藏于内室，为窃贼偷盗；存放柜里，被尚书逼献；虽然每次都能回到手中，却被害得倾家荡产，身陷囹圄，一生不得安宁。他死后将佳石殉葬，又为盗墓者盗出，后又被官员看中，最后奇石自堕地上，摔得粉身碎骨，才归葬于邢氏之墓。其中还特意写了一位神翁来访探佳石，说邢氏得石早了三年，如欲强留，则要减其三年之寿。而爱石如命的邢云飞甘愿损寿，也不肯与奇石暂时分离，以此显其爱石之深。

　　小说中邢云飞爱石至深，现实中的蒲松龄也钟情于奇石。蒲松龄的馆东毕际有家的石隐园（即蒲题诗之园）就有许多

歪瓶雜罐罪菊枝
斜花与真花
頗承差撮去賣
錢償酒債那
知秋色屬誰
家壽民

奇石，"卧者成冈，立者成峰，离立者成涧壑，丛立者成叠峦，横而空悬者成桥梁岩洞，层累而上者成绝岩峭壁。"蒲松龄在毕家生活了三十年，在石隐园内与这些奇石朝夕相处，相看不厌，进行无言的交流。

石隐园中有一块奇石，名海岳石，是取其石为米芾化身之意。海岳石被人们称为灵璧石中的珍品，不仅坚如铁、洁如玉，而且其声音也很像磬发出的声音，悦耳动听。据北宋蔡絛《铁围山丛谈》记载，北宋赏石大家米芾用自己最珍贵的奇石"研山"与苏仲恭学士之弟苏仲容换得甘露寺这块地，在这里建造了一座寺庙，取名海岳庵，并自号海岳外史。蒲松龄《和毕盛钜石隐园杂咏·海岳石》云：

大人何皓伟，赎尔抱花关。
刺史归田日，余钱买旧山。

大意是说，海岳石就像商山四皓，博得世人尊崇。毕际有将它买来，是为了让它守护石隐园，就像商山四皓辅佐太子刘盈。毕际有辞官归家，用剩余的俸金整修了石隐园，也为海岳石找到了好归宿。蒲松龄在诗中将海岳石比作商山四皓，着力歌咏了海岳石的高大和古朴。

这块海岳石又被称为"石丈"，蒲松龄对于它的赞美声一直没有间断。蒲松龄七古《石丈》云：

石丈剑樆高峨峨，幞头幞鞈吉莫靴。

虬筋盘骨山鬼立，犹披薜荔戴女萝。

共工触柱崩段段，一段闯竖东山阿。

颠髻参差几寻丈，天上白云行相摩。

我具衣冠为瞻拜，爽气入抱瘥沉疴。

蒲松龄在诗中赞美了这块奇石修伟的身躯和威武的体貌；描述石丈身躯好像虬龙盘屈，苍劲威武，夏秋两季缠绕着蔓生植物；以奇特的想象力点明了石丈的出处，它是共工怒触不周山时遗落下的一段撑天石柱；夸赞石丈高入云天，仅发髻就好几丈高；最后写作者像米芾那样整理衣冠，诚心瞻拜，表达了作者对奇石的崇敬之情。

他还在《逃暑石隐园》中说"石丈犹堪文字友"，称赞石丈是自己的文友。

在《冬初过石隐园即景》中说"石丈日瞻拜"，点明自己每天都来拜见石丈。

晚年在《读〈平泉记〉》中说："断弃委荒草，石丈为烦冤。"对唐朝李德裕的后人不爱惜平泉别墅的山石，随意丢弃的行为进行了批评。

蒲松龄还写有七绝《题石》，诗云：

遥望此石惊怪之，插青挺秀最离奇。

不知何处曾相见，涧壑群言似武夷。

这首诗所歌咏的奇石，大概是石隐园中的一堆假山，它既挺拔青秀，又涧壑纵横、曲折回环，如同武夷山中的风景，所以为它的离奇而惊叹。

石隐园中的一块蛙鸣石，也引起了蒲松龄的极大兴趣，他在七律《石隐园》中对它作了绘声绘色的描述：

年年设榻听新蝉，风景今年胜去年。
雨过松香生客梦，萍开水碧见云天。
老藤绕屋龙蛇出，怪石当门虎豹眠。
我亦蛙鸣间鱼跃，俨然鼓吹小山边。

尾联的意思是说，蒲松龄发现有一块石头好像正在鸣叫的青蛙，浑然天成，生动传神，于是就把它放置到了鱼跃石的旁边，而鱼跃石则是一块鲤鱼跃龙门形状的石头。这两块石头排列在一起，连同旁边状如虎豹的石头，好像在小山边上鼓与吹！

在蒲松龄纪念馆"聊斋"的案头上陈列着一块三星石，据说，蒲松龄经常把玩这块奇石。三星石的得名主要是因为它身上有三处圆形的亮点，在灯光的照射下能够闪闪发光，别具形态。因为这块石头既具有传统奇石"瘦、皱、漏、透"

柳條金嫩不勝鴉金粉牆
遣逍遲家燕子來時春
癰癰小鸭和雨夢巢尼

癸卯春日 壽師

的特点，又具有天然玲珑之美，所以蒲松龄对它极其喜欢，爱护有加。

难能可贵的是，蒲松龄不仅欣赏奇石，寄予情怀，而且对奇石的产地、成因、特色等都有自己独特的认识。在他撰写的《石谱》一书中，就非常详细地记载了一百多种奇石的形态、色泽、声韵及产地、鉴别方法等，以至于有人称这本书足以和宋朝文人杜绾所著的《云林石谱》相媲美。

十二、爱石成癖的张大千

张大千（1899～1983年），曾用名张正权、张爱、张猿，小名季，号季爱，别署大千居士、下里巴人。现代中国著名画家。四川内江人。

张大千生前爱石成癖，喜欢收集怪木奇石，作为写生入画的题材。

他客居美国洛杉矶时，有一次在海滩上发现一块巨石，此石宛若一幅台湾地图，下端方正，上端呈45度仰向远天，前端尖形，似有将英魂归回四川之含义。后来他移居台湾"摩耶精舍"，便托友人将这块巨石由美国加州海岸运到台湾，置放在"摩耶精舍"后院梅园"听寒亭"和"翼然亭"之间，并于巨石上亲书"梅丘"两字。

"摩耶精舍"内居室、画室，分别置放了不少从巴西、美国、日本运回之奇石，以山势石居多；在庭园置有忠狗石，及户外石数方，锦鲤池上亦有奇石依势而立。

"摩耶精舍"中有一个小会客室，是专供张夫人接待女宾之用的，长案上也放置着数十方奇石，色泽形态奇异非凡，十分惹人注目。

大千先生赏石，据说是力行而不著文，故后人仅见其石不见其文。但长期赏石之熏陶，想必对大千先生观石入画产生的意境是有所助益的。

第八章

文润石新

所谓"石有仁气，人有仁怀；石有灵气，人有才气；石有静气，人有净气"。地会天缘，灵石灵人，犹如金风玉露之相逢也。借石以文抒怀，是中国赏石文化的基本特征，亦是中国文人对奇石精粹部分的感性认识与真情流露，因而，自古石论汗牛充栋。本章将其中一些精彩的内容摘编如下，以飨读者。

一、远古石文

1.《尚书·禹贡》

海岱惟青州，嵎夷既略，潍、淄其道，厥土白坟，海滨广斥。厥田惟上下，厥赋中上。厥贡盐、絺，海物惟错。岱畎丝、枲、铅、松、怪石。莱夷作牧。厥篚檿丝。浮于汶，达于济。

注释:《尚书》是现存最早的关于古时典章文献的汇编,其中保留了商及西周初期的一些重要史料,大约成书于周秦之际(约公元前770年至公元前476年)。《尚书·禹贡》中把当时的中国分为九州,记述各区域的山川分布、交通和物产状况以及贡赋等级等,保存了我国古代重要的地理资料。此书中最早记载了作为贡品的怪石(即现在一般意义上的奇石)。

释义:渤海和泰山之间是青州地区。嵎夷治理好以后,潍水和淄水的故道已经疏通。那里的地形如白色的山丘,海滨广袤。那里的土地质量在九州中属第三等,而缴纳的赋税是第四等。那里进贡的物品是盐、细葛布和多种多样的海产品。还有泰山一带的贡丝、大麻、铅(通锡)、松香和奇特的石头。莱夷一带可以放牧,进贡的物品还有一筐筐的柞蚕丝。进贡的船只行于汶水,达到济水。

海岱及淮惟徐州。淮、沂其乂,蒙、羽其艺,大野既猪,东原底平。厥土赤埴坟,草木渐包。厥田惟上中,厥赋中中。厥贡惟土五色,羽畎夏翟,峄阳孤桐,泗滨浮磬,淮夷蠙珠暨鱼,厥篚玄纤、缟。浮于淮、泗,达于河。

释义:黄海、泰山及淮河之间是徐州地区。淮河、沂水治理好以后，蒙山、羽山一带已经可以农耕种植了，大野泽已经聚满了深水，东原一带也得到治理。那里的土是红色的，黏性好而肥厚，草木不断滋长丛生。那里的土地质量属第二等，赋税是第五等。那里的贡品是五色土，羽山山谷的大山鸡，峄山南面的特产桐木，泗水边上的可以制磬的石头，淮夷之地的蚌珠和鱼。还有拿筐子装着的黑色的绸和白色的绢。进贡的船只行于淮河、泗水，到达菏泽，由济水入黄河。

淮海惟扬州。彭蠡既猪，阳岛攸居。三江既入，震泽底定。篠簜既敷，厥草惟夭，厥木惟乔。厥土惟涂泥。厥田唯下下，厥赋下上上错。厥贡惟金三品，瑶、琨、篠、簜、齿、革、羽、毛惟木，岛夷卉服，厥筐织贝，厥包橘柚锡贡。沿于江海，达于淮、泗。

释义：淮河与黄海之间是扬州地区。彭蠡泽已经汇集了深水，南方各岛可以安居。三条江水注入大海，震泽得到了治理。小竹和大竹已经遍布各地，那里的草很茂盛，树很高大。那里的土壤湿润，土地质量为第九等，而赋税是第六、七等。那里的贡品是金、银、铜、美玉、小竹、大竹、象牙、犀牛皮、鸟的羽毛、牦牛尾和木材，东南沿海各岛的人进贡草编的衣服，还要把装入筐中的贝锦和包好的橘柚作为贡品。进贡的船只沿着长江、黄海到达淮河、泗水。

荆及衡阳惟荆州。江、汉朝宗于海，九江孔殷，沱、潜既道，云土梦作乂。厥土惟涂泥，厥田惟下中，厥赋上下。厥贡羽、毛、齿、革，惟金三品，杶、榦、栝、柏，砺砥、砮、丹，惟箘、簵、楛，三邦底贡厥名，包匦菁茅，厥篚玄纁玑组，九江纳锡大龟。浮于江、沱、潜、汉，逾于洛，至于南河。

释义：荆山与衡山的南面是荆州地区。长江、汉水奔向海洋，洞庭湖的水系已治理好。沱水、潜水水道已经疏通，云梦泽一带可以耕作了。那里的土是潮湿的泥土，那里的田为第八等，赋税为第三等。这里的贡物是羽毛、牦牛尾、象牙、犀牛皮和金、银、铜，杶树、柘树、桧树、柏树，磨刀石、造箭镞的石头、丹砂和竹笋、美竹、楛竹。三个诸侯国进贡他们的名产，如包裹好的菁茅，装在筐子里的彩色丝绸和一串串的珍珠。九江一带进贡大龟。这些贡品经长江、沱水、潜水、汉水，到达汉水上游，改走陆路到洛水，再到黄河。

荆河惟豫州。伊、洛、瀍、涧既入于河。荥波既猪。导菏泽，被孟猪。厥土惟壤，下土坟垆。厥田惟中上，

厥赋错上中。厥贡漆、

枲、缔、纻，厥筐纤纩，

锡贡磬错。浮于洛，达于河。

释义：荆山、黄河之间是豫州地区。伊水、瀍水和涧水都会集于洛水，又流入黄河，荥波泽已经治理好，可以贮存大量的水。菏泽疏通以后，孟猪泽也筑起了堤防。那里的土是柔软的壤土，低地的土是肥沃的硬土。那里的土地质量为第四等，赋税为第一、二等。那里的贡物是漆、大麻、细葛布、苎麻，以及用筐装的绸和细绵，还要进贡治琢好的磬。进贡的船只行于洛水，到达黄河。

2.《山海经》

桐状之山，其上多金玉，其下多青碧石。（《山海经·东山经》）

注释：《山海经》是中国先秦的一部重要古籍，共计十八卷，包括《山经》五卷，《海经》十三卷。主要内容是民间传说中的地理知识，包括山川、道里、民族、物产、药物、祭祀、巫医等。其中保存了不少脍炙人口的远古神话传说和寓言故事，包括夸父逐日、女娲补天、精卫填海、大禹治水等。

《山海经》具有非凡的文献价值,对中国古代历史、地理、文化、中外交通、民俗、神话等的研究,均有参考价值。其中的矿物记录,更是世界上最早的有关文献记载。

释义:枸状山有多种金属矿石和玉石,山下有很多青碧玉。

独山,其上多金玉,其下多美石。(《山海经·东山经》)

释义:独山上有不少金属矿石,山下有不少富于美感的石头。

北姑射之山,无草木,多石。(《山海经·东山经》)

释义:北姑射山不长草和树,但各种各样的石头很多。

碧山,无草木,多蛇,多碧、多玉。(《山海经·东山经》)

释义:碧山,不长草木,但蛇很多,碧玉也不少。

会稽之山,四方。其上多金玉,其下多砆石。(《山海经·南山经》)

释义:会稽山,形状四方,山上有很多金属矿石和玉石,山下有很多像玉一般的石头。

高山，泾水出焉，东流注于渭，其中多磬石、青碧。(《山海经·西山经》)

释义：高山，泾水的源头，向东流入渭河，其中有许多打磨得很光滑的石头及青碧石。

天池之山，多文石。(《山海经·北山经》)

释义：天池山上有很多带花纹的石头。

阴山，多砺石、文石。(《山海经·中山经》)

释义：阴山，有许多磨刀石和带花纹的石头。

3.《阙子》

宋之愚人得燕石梧台之东，归而藏之，以为大宝。周客闻而观之，主人斋七日，端冕之衣，衅之以特牲，革匮十重，缇巾十袭。客见之，俯而掩口卢胡而笑，曰："此燕石也，与瓦甓不殊。"主人父大怒，曰："商贾之言，竖匠之心！"藏之愈固，守之弥谨。

注释：《阙子》是一已失传的古书，清代有马国翰辑本。

释义：宋国的一个愚人在梧台的东边捡到一块燕石，回家把它收藏起来，认为那是非常贵重的宝贝。周国的客人听说后，要求看看这块石头。主人便为此斋戒七日，并穿上黑色礼服，杀了一头公牛，举行最高规格的祭祀来开启宝贝，只见他打开了裹了又裹、包了又包的华丽包装，让客人观看这一宝物。客人看了那石头，俯身掩口大笑，说道："这是燕石啊，和瓦片没什么差别。"主人之父大怒，说："这是生意人的话，小人之心！"于是把那块燕石藏得更加稳固，看守得更加小心。

二、唐宋石文

1.唐·白居易《太湖石记》

古之达人，皆有所嗜。玄晏先生嗜书，嵇中散嗜琴，

靖节先生嗜酒，今丞相奇章公嗜石。石无文无声，无臭无味，与三物不同，而公嗜之，何也？众皆怪之，我独知之。昔故友李生名约有云："苟适吾志，其用则多。"诚哉是言，适意而已。公之所嗜，可知之矣。

公以司徒，保釐河洛，治家无珍产，奉身无长物，惟东城置一第，南郭营一墅。精葺宫宇，慎择宾客。性不苟合，居常寡徒。游息之时，与石为伍。石有族聚，太湖为甲，罗浮、天竺之徒次焉。今公之所嗜者甲也。先是，公之僚吏多镇守江湖，知公之心，惟石是好，乃钩深致远，献瑰纳奇，四五年间，累累而至。公于此物，独不廉让，东第南墅，列而置之，富哉石乎。

厥状非一：有盘拗秀出如灵丘鲜云者，有端俨挺立如真官神人者，有缜润削成如珪瓒者，有廉棱锐刿如剑戟者。又有如虬如凤，若跧若动，将翔将踊，如鬼如兽，若行若骤，将攫将斗者。风烈雨晦之夕，洞穴开噎，若饮云歠雷，嶷嶷然有可望而畏之者。烟霁景丽之旦，岩墟霮䨴，若拂岚扑黛，霭霭然有可狎而玩之者。昏晓之交，名状不可。撮要而言，则三山五岳、百洞千壑，覼缕簇缩，尽在其中。百仞一拳，千里一瞬，坐而得之。此其所以为公适意之用也。

尝与公迫观熟察，相顾而言，岂造物者有意于其间乎？将胚浑凝结，偶然成功乎？然而自一成不变已来，

不知几千万年，或委海隅，或沦湖底，高者仅数仞，重者殆千钧，一旦不鞭而来，无胫而至，争奇骋怪，为公眼中之物。公又待之如宾友，视之如贤哲，重之如宝玉，爱之如儿孙，不知精意有所召耶？将尤物有所归耶？孰为而来耶？必有以也。

石有大小，其数四等，以甲、乙、丙、丁品之，每品有上、中、下，各刻于石阴。曰"牛氏石甲之上"、"丙之中"、"乙之下"。噫！是石也，千百载后散在天壤之内，转徙隐见，谁复知之？欲使将来与我同好者，睹斯石，览斯文，知公嗜石之自。

会昌三年五月丁丑记。

注释:白居易于会昌三年（843 年）所作的《太湖石记》，是中国赏石文化史上第一篇全面阐述太湖石收藏、鉴赏的方法和理论的散文，是中国赏石文化史中一篇重要文献。

释义：古时候豁达的人，都有自己的嗜好。皇甫谧嗜好读书，嵇康嗜好鼓琴，陶渊明嗜好喝酒，当今的宰相牛僧孺嗜好玩石头。石头没有文字也没有声音，没有气味也没有味道，跟书、琴、酒三种东西都不相同，而牛公却那么嗜好，这是什么原因呢？很多人都觉得奇怪，只有我知道这其中的原因。过去我的朋友李约说过："某样东西如果能够适合我

的志趣，它的用处就多了。"这话说得多么好啊，称心合意的就好。牛公嗜好石头，就可以理解了。

牛公在河洛地区做司徒时，家里没有珍贵的财产，身上没有多余的东西，只是在城东购置一所邸宅，城南经营一处别墅，像宫宇一样精心修葺，谨慎地选择宾客，不搞无原则的附和，遵守传统道德，不拉帮结派，游玩休憩的时候，跟石头在一起。可供玩赏的石头有各种类别，太湖石是甲等，罗浮石、天竺石之类的石头都次之。现在牛公所喜爱的是甲等的石头。在此之前，牛公的手下官员，很多镇守在各地，知道牛公的心里只喜好奇石，因而广为搜寻，把奇珍瑰宝一样的石头向他缴纳、进献，在四五年的时间里，接连不断有人送来。牛公对于奇石这东西，独独不予谦让，都收下了，在他的城东邸宅、城南别墅，有序地陈列着，因此他的奇石就变得丰富了！

这些石头的形状各不相同：有的盘曲转折，美好特出，像仙山，像轻云；有的端正庄重，巍然挺立，像神仙，像高人；有的细密润泽，像人工做成的带有玉柄的酒器；有的有棱有角、尖锐有刃口，像剑像戟。又有像龙的有像凤的，有像蹲伏的有像行动的，有像要飞翔的有像要跳跃的，有像鬼怪的有像兽类的，有像在行走的有像在奔跑的，有像在攫取的有像在争斗的。当风雨晦暗的晚上，洞穴张开了大口，像吞纳乌云喷射雷电，卓异挺立，令人望而生畏。当雨晴景丽的早

晨，岩石山崖结满露珠，像云雾轻轻擦过，黛色直冲而来，有和善可亲堪可赏玩的。黄昏与早晨，石头呈现的形态千变万化，无法描述。概要地说，就是三山五岳、百洞千壑，弯弯曲曲，丛聚集缩，尽在其中。自然界的百仞高山，一块小石就可以代表；千里景色，一瞬之间就可以看到，这些都是坐在家里就能享受得到的。这就是使牛公称心合意的石头。

我曾经跟牛公近距离地仔细观赏这些太湖石，面对面地谈论：这是造物主有意所为的吗？是混沌凝结之后偶然而成为这样的吗？然而自从石头形状形成以来，不知道经过几千几万年，或者委身在海的一隅，或者沉在湖底，高者仅有数仞，重者近千钧，一旦不用鞭赶自己来了，没有腿也到了，争奇呈怪，成为牛公眼中之物；牛公对它们像对待宾客朋友一样，像看待贤哲一样，像对宝玉一样重视，像对儿孙一样疼爱，不知道是不是牛公专心专意召唤来的？是让这些稀罕的东西有所归宿吗？是为什么而来的？一定是有原因的。

这些太湖石有大有小，牛公将它们分作四等，分别以甲、乙、丙、丁表示，每一等又分上、中、下三级，分别刻在石头的背面，例如"牛氏石甲之上"、"丙之中"、"乙之下"等等。啊呀呀，这些石头，如果不刻上记号，千百年以后散失在天地之内，转来移去，或隐或现，谁还能知道是谁的石头呢？写作这篇文章是要让将来跟我一样爱好石头的人，看到这些石头，读到这篇文章，知道牛公嗜好石头的原因。

会昌三年五月丁丑日记。

2. 宋·杜绾《云林石谱》

太湖石：平江府太湖石，产洞庭水中，性坚而润，有嵌空穿眼宛转险怪势。一种色白，一种色青而黑，一种微青，其质文理纵横，笼络隐起，于石面遍多坳坎，盖因风浪冲激而成，谓之弹子窝，扣之微有声。采人携锤錾入深水中，颇艰辛。度其奇巧取凿，贯以巨索，浮大舟，设木架，绞而出之。其间稍有巉岩特势，则就加镌砻取巧，复沉水中，经久，为风水冲刷，石理如生。此石最高有三五丈，低不逾十数尺，间有尺余。唯宜植立轩槛，装治假山，或罗列园林广榭中，颇多伟观，鲜有小巧可置几案间者。

　　释义：平江府（今苏州）的太湖石产自洞庭水中，质地坚硬、温润，孔窍相连，穿眼沟通，姿态婉转，奇巧险怪。一种颜色发白，一种青而泛黑，一种微微发青，表面纹理纵横交错，石上隐隐地可见一些天然的结眼和脉络，应该是风浪冲刷激荡而形成的，俗称"弹子窝"，敲打时会发出微微的声响。采石的人携带锤子和錾子潜入深水中，十分艰辛。采石的人在水底看到比较奇巧的石头就开挖凿孔，穿上粗大的绳索，以大船作为浮舟，架起木架，用绞索拉出。如果碰上稍有点巉岩怪状的，就加以雕刻打磨，使之有个大概的形貌，然后再次沉入水中，通过长时间的冲刷，就会生出漂亮的纹路，就像自然生成的一样。太湖石最高的有三五丈，矮的不过十来尺，也有尺把大小的。（太湖石）比较适合栽花种树，围上轩窗栏杆，用来做美化庭院的假山，或者放在园林广榭中，很有气势，很少有形制小巧可以放在茶几案头的。

　　昆山石：平江府昆山县，石产土中，多为赤土积渍。既出土，倍费挑剔洗涤。其质魂磊，巉岩透空，无耸拔峰峦势，扣之无声。土人唯爱其色洁白，或栽植小木，或种溪荪于奇巧处，或立置器中，互相贵重以求售。至道初，杭州皋亭山后出石，与昆山石无分毫之别。

释义：平江府昆山县，石头在土中，多为红土浸渍。挖出后需花大力气挑剔洗涤。昆山石大多成堆摆放，险峻直立，中间孔洞贯通，但没有高耸的峰峦气势，敲打时没有声音。当地人喜欢它洁白的色泽，或者栽种小植物，或者在石头奇巧的地方种上溪荪，或者放在大器皿中，相互映衬，呈现它的贵重，以求卖个好的价钱。至道初年，杭州皋亭山后也出土了一块石头，与昆山石毫无差别。

英石：英州含光真阳县之间，石产溪水中，有数种。一微青色，间有白脉笼络，一微灰黑，一浅绿，各有峰峦，嵌空穿眼，宛转相通。其质稍润，扣之微有声。又一种色白，四面峰峦耸拔，多棱角，稍莹彻，面面有光，可鉴物，扣之无声。采人就水中度奇巧处錾取之。此石处海外辽远，贾人罕知之。然山谷以谓象州太守，费万金载归，古亦能耳。顷年，东坡获双石，一绿一白，目为"仇池"。又乡人王廓，夫亦尝携数块归，高尺余，或大或小，各有可观，方知有数种，不独白绿耳。

释义：广东英州（现为英德市）含光、真阳两县之间，有很多种石头出产于溪水之中。一种微青，间有白色脉络；一种微灰或浅绿，各自有如山峰状，孔窍相连，穿眼沟通。质地稍显莹润，叩之有轻微的声音。还有一种白色的，四面峰峦高耸，有很多棱角，微透明，每一面都光滑，可以映照物体，敲打时没有声音。采石人在水中根据石头奇巧的形状把它凿取下来。英石产的地方较为偏远，很少有商人知道它。黄山谷告知象州太守，花费很多钱把它运回，在古代也算难得了。第二年，苏东坡得到两块英石，一绿一白，称之为"仇池"。另外我的同乡人王廓，也曾经带了几块英石回乡，大约有一尺多高，有大有小，各有可看之处，这才知道英石有很多种，不止有白的、绿的两种。

松化石：顷年，因马自然先生在永康山中，一夕大风雨，松林忽化为石，仆地悉皆断截。大者径二三尺，尚存松节脂脉纹。土人运而为坐具，至有小如拳者，亦堪置几案间。

释义：昔日，唐代云游道士马自然先生在永康山中，某一晚有大风雨，松树突然都变化为石头，倒地后全部断裂成几截，大的直径有两三尺，石上还可清晰地看到松节、松脂和松树的纹理。当地人将其运回当凳子。小的如拳头大小，亦可以把它放置在几案上以供观赏。

紫金石：寿春府寿春县紫金山，石出土中，色紫，琢为砚，甚发墨。扣之有声。

释义：寿春府寿春县（今安徽寿春镇）的紫金山石出产于土中，原色为紫色，雕凿成砚台，很是发墨，敲打时有声音。

婺源石：徽州婺源石产水中者，皆为砚材，品色颇多。一种石理有星点，谓之龙尾，盖出于龙尾溪，其质坚劲，大抵多发墨，前世多用之。以金星为贵，石理微粗，以手擘之，索索有锋芒者尤妙。以深溪为上，或如刷丝罗纹，或如枣心瓜子，或如眉子两两相对。又一种色青而无纹，大抵石质贵清润发墨为最。又有祁门县文溪所产，色青紫，石理温润发墨，颇与后历石差等，近时出处价倍于常。土人各以石材厚大者为贵，理微粗。又徽州歙县地名小沟，出石亦清润，可作砚，但石理颇坚，不甚锉墨，其纹亦有刷丝者，土人不知贵也。

释义：徽州婺源石出产于水中，都可以用来雕琢砚台，品种颜色种类很多。有一种石头的纹理像天上的点点繁星，叫做龙尾，大约因其出自龙尾溪而得名，质地坚硬，大抵很容易发墨，前代人多用它做砚。石头中尤其以有金星的最为名贵，石头纹理稍粗糙，用手轻轻抚摸它，有刮手之感的尤好。以深溪出土的为上品，有的石面上布满刷丝罗纹，有的纹理像枣心、瓜子，有的纹理像两两相对的眉毛。还有一种色青而无纹，一般说来，这种石头质地青润发墨为最好。还有祁门县文溪出产的石头，颜色青紫，石理温润能发墨，与后历石相差不多，最近从此地出产的价格比正常要高出一倍。当地人以厚大的石材为贵，但纹理稍嫌粗糙。还有安徽歙县有个叫小沟的地方，出产的石头也很温润，可做砚台，但质地坚硬，不甚锉墨，这种石头的纹理也有刷丝，当地人不知它的名贵。

红丝石：青州益都县，红丝石产土中，其质赤黄，红纹如刷丝，萦绕石面而稍软，扣之无声，琢为砚，颇发墨。但石质燥渴，须先饮以水，久乃可用。唐林甫彦猷顷作《墨谱》，以此石为上品器。

释义：青州益都县的红丝石产自土中，其质地红黄相间，红色的纹路像刷丝，在石面上萦绕成美丽的图案，质地稍显柔软，敲打时没有声音，雕琢为砚，很发墨。但石质干燥枯渴，需要用水多多浇注，时间长了才可使用。唐林甫（彦猷）作《墨谱》（疑为《砚录》）时，把它视为做砚台的上品材料。

浮光石：光州浮光山，石产土中，亦洁白，质微粗燥，望之透明，扣之无声，仿佛如阶州者。土人琢为斛器物及印材，粗佳。

释义：光州浮光山石，产于土中，颜色洁白，但质地稍微粗糙发干。看上去呈透明状，敲打时没有声音，有点像阶州石。当地人把它雕琢为量器及印章材料，大体上还不错。

3. 宋·赵希鹄《洞天清录·怪石辨》

怪石小而起峰，多有岩岫耸秀嵌嵌之状，可登几案观玩，亦奇物也。其余有灵璧、英石、道石、融石、川石、桂川石、邵石、太湖石与其他杂石，亦出多等。今列于其后。

释义：怪石虽小但有很多峰峦，多有岩石青峰耸立形状，可放在几案上观赏把玩，也是一种奇物。有灵璧石、英石、道石、融石、川石、桂川石、邵石、太湖石与其他多种不知名的石头，也分为多个等级。现列在后面。

奇石物语

4. 宋·李弥逊《五石·序》

岁戊戌秋，舟行宿泗间。有持小石售于市者。取而视之，其大可置掌握……水落月吐，云影渺冥。若远若近，皆有自然之势。乃以千金购之，而为之名。

释义：戊戌年的秋天，船行走到宿州泗水之间的时候，有拿着小石头在市场上卖的人。（我）把小石头拿过来看，石头的大小正好可以拿在手中……水落月吐，云影漂浮。似远似近，都有自然的态势。于是以千金购买它，并为之命名。

5. 宋·蔡絛《铁围山丛谈》

江南李氏后主宝一研山，径长尺逾咫，前耸三十六峰，皆大如手指，左右则引两阜坡陀，而中凿为研。及江南国破，研山因流转数士人家，为米元章所得。

释义：南唐李后主宝爱一块灵璧研山，直径一尺多长，前面高耸着三十六峰，都似手指一般大，左右有两个山丘，而中间凿为砚池。等到南唐被灭国后，研山流转于数个士人家，最后被米元章得到。

三、明清石文

1. 明·李时珍《本草纲目》

石者气之核，土之骨也。大则为岩岩，细则为砂尘。其精为金玉，其毒为礜为砒。气之凝也，则结而为丹青；气之化也，则液而为矾汞。

释义：石头是气的内核，土地的骨头。大的成为岩石，小的成为沙砾灰尘。精华的成为金子玉石，有毒的成为礜和砒霜。气凝结起来成为画画的颜料；气化为液体则成为矾汞。

……产玉之处亦多矣……故独以于阗玉为贵焉。古礼玄珪、苍璧、黄琮、赤璋、白琥、玄璜，以象天地四时而立名尔。

释义：产玉石的地方有很多，……所以唯独以于阗玉最为珍贵。古时礼制中的玄珪、苍璧、黄琮、赤璋、白琥、玄璜以象征天地时节而成名。

暖玉可辟寒，寒玉可辟暑；香玉有香，软玉质柔；观日玉，洞见日中宫阙，此皆希世之宝也。

释义：暖玉可以避寒，寒玉可以避暑；香玉有香之气味，软玉质地柔软；观日玉，可以清楚地见到太阳里面的宫阙。这些都是稀世的珍宝。

玛瑙，文石，摩罗迦隶。赤斓红色，似马之脑，故名，亦名玛瑙珠。胡人云："是马口吐出者。”谬言也。

释义：玛瑙，是一种有花纹的石头，佛教称为摩罗迦隶。因为上面有红色的斑斓，像马的脑浆，所以称为玛瑙，也叫做玛瑙珠。胡人说：“玛瑙是马口中吐出来的。”这是荒谬的说法。

2. 明·陈衍《奇石记》

一灵璧石，高四寸有余，延袤坡陀，势如大山，四面如画家皴法，岩腹近山脚特起一小方台，凝厚而削；一灵璧石，非方非圆，浑朴天成，周遭望之皆如屏嶂，有脉两道作殷红色，一脉阔如小指，一脉细如丝缕，自项上凹处垂下，如湫瀑之射朝日。石高可八寸许，围径尺，其声铿亮，色纯黑，凝润如膏；一英德石，高四寸，长七寸，如双虬盘卧，玲珑透漏，千蹊万径，穿孔钩连；一兖州石，大如拳，灰褐色，巉岩浑雅，坚致有声；一仇池石，大亦如拳，声如响磬，峰峦洞壑奇巧殊绝。

释义：有一块灵璧石，有四寸多高，面积大而不平坦，其势如大山，四面就像画家用皴法画出来的一样，石头的腹地靠近山脚有一个小方台，稳重敦厚而陡峭；有一块灵璧石，不方不圆，朴实无华如同自然形成的，四周看上去就像都有屏嶂一般，有两条殷红色的山脉，一条有小指头那么宽，一条像丝缕那么细，从脖子位置的山凹处直垂而下，如同瀑布反射早晨的太阳。石头高有八寸多，直径一尺，敲打的声音响亮，呈纯黑色，细腻光滑像膏油；有一块英德石，高四寸，长七寸，如同两条虬龙盘卧，玲珑透彻，如千万条路穿杂勾连；有一块兖州石，也大如拳头，呈灰褐色，像巉岩般质朴高雅，很坚固，敲起来有声音；有一块仇池石，大如拳头，敲起来其声音就像敲打磬一样响，有峰峦有洞壑，非常奇特巧妙。

3. 明·林有麟《素园石谱》

昆山石：苏州府昆山县马鞍山于深山中掘之乃得，玲珑可爱。凿成山坡，种石菖蒲花树及小松柏。询其乡人，山在县后一二里许，山上石是火石，山洞中石玲珑。栽菖蒲等物最茂盛，盖火暖故也。

释义：昆山石，在苏州昆山县马鞍山的深山之中挖掘才得到，玲珑可爱，把它凿成山坡的形状，利用其孔穴，种上石菖蒲、花草及小松柏。询问当地人，得知此山在县城后面一二里左右，山上的石头为火石，山洞中的石头比较玲珑，栽菖蒲之类的植物长得最茂盛，这是因为火石有一定的保暖作用。

4. 明·计成《园冶·选石》

夫识石之来由，询山之远近。石无山价，费只人工，跋蹑搜巅，崎岖挖路。便宜出水，虽遥千里何妨；日计在人，就近一肩可矣。取巧不但玲珑，只宜单点；求坚还从古拙，堪用层堆。须先选质无纹，俟后依皴合掇。多纹恐损，无窍当悬。古胜太湖，好事只知花石；时遵图画，匪人焉识黄山。小仿云林，大宗子久。块虽顽夯，峻更嶙峋，是石堪堆，便山可采。石非草木，采后复生，人重利名，近无图远。

释义：考察石头的来源，询问石山的远近。石头从山上取来不要钱，所需要的只是开采和运输过程中的人力成本。跋山涉水，在险峻之地开路。如果可以水运，那么千里之路又何妨呢？

如果只要一天的路程，就近雇人挑就可以了。选石时，不仅要选取奇巧玲珑、只宜单置的峰石，还要选取坚实古拙、适合堆叠的石头。必须先选石质好、没有裂纹的石头，然后依照皴法堆叠起来。纹理多了恐怕容易损坏，没有孔洞的石头应该悬起来。古代以太湖石为好，但现在爱好掇山的人们只知道花石之好；时人依照画境来堆山，有多少人知道用黄山石掇山之美呢？掇小山可以仿倪云林的画境，掇大山就应该学习黄子久的笔法。石块虽然显得夯笨，但高堆便能给人嶙峋之感，这样的石头都可以叠山，山上到处可以采集。石头不像草木那样采后会复生，世人都是重名利的，选石也多是就近取材，不会远求。

太湖石：苏州府所属洞庭山，石产水涯，惟消夏湾者为最。性坚而润，有嵌空、穿眼、婉转、险怪势。一种色白，一种色青而黑，一种微黑青。其质文理纵横，笼络起隐，于石面遍多坳坎，盖因风浪中冲激而成，谓

之"弹子窝"，扣之微有声。采人携锤錾入深水中，度奇巧取凿，贯以巨索，浮大舟，架而出之。此石以高大为贵，惟宜植立轩堂前，或点乔松奇卉下，装治假山，罗列园林广榭中，颇多伟观也。自古至今，采之已久，今尚鲜矣。

释义：苏州府所属洞庭山，石头出产于水边，但是消夏湾的最好。质地坚硬而且润泽，有嵌空、穿眼、宛转、险怪各种形象。有一种是白色，有一种是青而近于黑色，一种是微青色。它们的质地纹理纵横，起伏不平，在石面上遍布坑洞，可能是风浪冲激而造成的，称为弹子窝，敲击时还会有轻微的声音。采石的人带锤子凿子潜入深水中，只选奇巧的凿取，用粗大的绳子穿起来，在大船上设置木架将其绞出水面。这种石头以高大者为贵，只宜直立在轩堂前面，或者是在乔松奇花下装点成假山，放在宽敞的园林水榭中，应该很是雄伟壮观。从古至今，这种石头已经采集了很长时间，现在已经很少见了。

昆山石：昆山县马鞍山，石产土中，为赤土积渍。既出土，倍费挑剔洗涤。其质磊块，巉岩透空，无耸拔峰峦势，扣之无声。其色洁白，或植小木，或种溪荪于奇巧处，或置器中，宜点盆景，不成大用也。

释义：昆山县马鞍山，石头产在土里，上面为红泥淤积掩盖。出土以后，淘洗非常费力。它们的质地粗糙不平，形状奇突透空，没有高大挺拔的峰峦姿态，敲击时也没有声音。颜色是洁白的，可以种植小树相伴，或者在奇巧处种上溪荪，或者放在器皿中，适宜做盆景，不能做大用。

宜兴石：宜兴县张公洞、善卷寺一带山产石……有性坚，穿眼，险怪如太湖者。有一种色黑质粗而黄者，有色白而质嫩者，掇山不可悬，恐不坚也。

释义：宜兴县张公洞、善卷寺一带山上所出产的石头……质地坚硬，有穿眼，形状险怪如太湖石。有一种黑色、质地粗糙而带黄色的，也有一种白色、质地细嫩的，这样的石头

堆叠成假山不能悬空，恐怕它不够坚硬牢固。

　　龙潭石：龙潭，金陵下七十余里，沿大江，地名七星观，至山口、仓头一带，皆产石数种，有露土者，有半埋者。一种色青，质坚，透漏文理如太湖者。一种色微青，性坚，稍觉顽夯，可用起脚压泛。一种色纹古拙，无漏，宜单点。一种色青，如核桃纹多皴法者，掇能合皴如画为妙。

　　释义：龙潭，在金陵（今南京）以东七十余里的地方，沿长江边上，从七星观至山口、仓头一带，都出产数种石头，有露在土外面的，也有半埋在土里的。有一种颜色为青色，质地坚硬，透漏，纹理像太湖石的；有一种颜色微青、性质坚硬的，稍微显得有些笨拙，堆山时可以用作地基或压桩头。有一种色纹都非常古拙的，无透漏，宜单独摆放。有一种颜色为青色，如核桃纹一样多皴法的，堆山时如果能拼合皴纹，像山水画一样布置最妙。

　　青龙山石：金陵青龙山，大圈大孔者，全用匠作凿取，做成峰石，只一面势者。自来俗人以此为太湖主峰，凡花石反呼为"脚石"。掇如炉瓶式，更加以劈峰，俨如刀山剑树者斯也。或点竹树下，不可高掇。

释义：金陵（今南京）青龙山，一类有巨大的弧形和洞孔的石头，完全由人工凿取，做成山峰一样的观赏石，一般仅观赏一面。一直以来，多数人都把它当做太湖石的主峰，凡是有条纹的反而称为"脚石"。可叠造成香炉花瓶式样，再加上如刀劈出的山峰，这种假山就像刀山剑树。有的就干脆放在竹子或树下，一般不宜高叠。

灵璧石：宿州灵璧县地名"磬山"，石产土中，岁久，穴深数丈。其质为赤泥渍满，土人多以铁刃遍刮，凡三次，既露石色，即以铁丝帚或竹帚兼磁末刷治清润，扣之铿然有声，石底多有渍土不能尽者。石在土中，随其大小具体而生，或成物状，或成峰峦，巉岩透空，其眼少有宛转之势；须借斧凿，修治磨砻，以全其美。或一两面，或三面；若四面全者，即是从土中生起，凡数百之中无一二。有得四面者，择其奇巧处镌治，取其底平，可以顿置几案，亦可以掇小景。有一种扁朴或成云气者，悬之室中为磬，《书》所谓"泗滨浮磬"是也。

释义：宿州灵璧县一个叫磬山的地方，石头产自土中，开采历史悠久，坑穴已经深数丈了。挖出时石头浑身带着红泥，当地人都会用铁片去刮剔，刮上三次即露出石头本色，即用铁丝扫帚或竹丝扫帚，和着磁末刷治，使之清润，敲击时铿然有声，石底多有不能清理干净的渍土。石头在土中，随大小不同而形态各异，有的像某一物体，有的像山峰，外形险峻透空，其洞穴略有弯曲之势，一般要用斧凿处理、磨制，以臻完善。这种石头一般有一面两面，或三面可观；如果四面都在土中自然生得可观者，数百块中都没有一二块。如有四个面可观的石头，可选择奇巧处刻制，磨平底面，可以放置于几案，也可做成小盆景。有一种扁平古朴，像云气状的，可以挂在室中作为磬，这就是《尚书》中所说的"泗滨浮磬"。

岘山石：镇江府城南大岘山一带，皆产石。小者全质，大者镌取相连处，奇怪万状。色黄，清润而坚，扣之有声。有色灰青者。石多穿眼相通，可掇假山。

释义：镇江府城南大岘山一带，都出产石头，小的比较完美、洁净，大的从相连处凿断后取出，这种石头形态各异。颜色为黄色，清润坚硬，敲打时有声音。也有灰青色的。岘山石多穿眼相通，可堆叠为假山。

宣石：宣石产于宁国县所属，其色洁白，多于赤土积渍，须用刷洗，才见其质。或梅雨天瓦沟下水，冲尽土色。惟斯石应旧，逾旧逾白，俨如雪山也。一种名"马牙宣"，可置几案。

释义：宣石产于宁国县所属的地区，石的颜色洁白，在地下多为红泥土淤积浸渍，必须刷洗，才能见出石头的质地。或者在梅雨天，就瓦沟下水，冲尽土色。只有这种石头应该要旧的，越旧的越白，（看起来）好像雪山一样。一种叫"马牙宣"的，可以放置在几案上观赏。

湖口石：江州湖口，石有数种，或产水中，或产水际。一种色青，浑然成峰、峦、岩、壑，或类诸物。一种扁薄嵌空，穿眼通透，几若木版，似利刃剜刻之状。石理如刷丝，色亦微润，扣之有声。东坡称赏，目之为"壶中九华"，有"百金归买小玲珑"之语。

释义：江州湖口，有很多种石头，有的是出产于水中，有的出产在水边。其中一种颜色发青，浑然天成像山峰、山峦、岩石、沟壑，或者类似其他各种物体。一种石头扁薄而且中间有孔隙，洞眼相互贯通，几乎像木版用锋利的刀刃剜刻而成的形状。石头的纹理像刷子的丝，颜色也微微润泽，敲击时有声响。苏东坡曾称道赞赏这种石头，视它为"壶中九华"，并咏有"百金归买小玲珑"的诗句。

英石：英州含光、真阳县之间，石产溪水中，有数种：一微青色，（间）有通白脉笼络，一微灰黑，一浅绿，各

有峰峦，嵌空穿眼，宛转相通。其质稍润，扣之微有声。可置几案，亦可点盆，亦可掇小景。有一种色白，四面峰峦耸拔，多棱角，稍莹彻，而面有光，可鉴物，扣之无声。采人就水中度奇巧处凿取，只可置几案。

释义：英州含光、真阳两县之间，有多种石头出产于溪水之中：一种颜色微青，间有白色脉络；一种颜色微灰黑，一种颜色浅绿，各自有如山峰状，孔窍相连，穿眼沟通。质地稍显莹润，叩之有轻微的声音。可放置在几案上观赏，也可以点缀盆景，还可以堆叠成小景。还有一种白色的，四面峰峦高耸，有很多棱角，微透明，面上光可鉴物，敲打时没有声音。采石人在水中根据石头奇巧的形状把它凿取下来，只可放置在几案上观赏。

　　散兵石："散兵"者，汉张子房楚歌散兵处也，故名。其地在巢湖之南，其石若大若小，形状百类，浮露于山。其质坚，其色青黑，有如太湖者，有古拙皴纹者，土人采而装出贩卖，维扬好事，专买其石。有最大巧妙透漏如太湖峰，更佳者，未尝采也。

释义："散兵"，是汉代张良包围项羽用楚歌散兵的地方，故而得名。那个地方在巢湖的南面，石头有大有小，形状繁多，裸露在山上。它们质地坚硬，颜色青黑，像太湖石，石上有古朴拙皱的纹理，当地人采石然后装袋外出贩卖，扬州爱好山石的人，专爱买这种石头。其中最大的石头巧妙透漏就像太湖石峰，更好的还没有采过。

黄石：黄石是处皆产，其质坚，不入斧凿，其文古拙。如常州黄山，苏州尧峰山，镇江圌山，沿大江直至采石之上皆产。俗人只知顽夯，而不知奇妙也。

释义：黄石到处都有出产，它质地坚硬，斧凿不易进入，它纹理古拙。常州黄山，苏州尧峰山，镇江圌山，沿着长江直到采石矶以上的地方都有出产。俗人只知道它的形态顽夯，而不知道它的奇妙之处。

旧石：世之好事，慕闻虚名，钻求旧石。某名园某峰石，某名人题咏，某代传至于今，斯真太湖石也，今废，欲待价而沽，不惜多金，售为古玩还可。又有惟闻旧石，重价买者。夫太湖石者，自古至今，好事采多，似鲜矣。如别山有未开取者，择其透漏、青骨、坚质采之，未尝亚太湖也。斯亘古露风，何为新耶？何为旧耶？凡采石惟盘驳、人工装载之费，到园殊费几何？予闻一石名"百米峰"，询之费百米所得，故名。今欲易百米，再盘百米，复名"二百米峰"也。凡石露风则旧，搜土则新，虽有土色，未几雨露，亦成旧矣。

释义：世间的好事者，仰慕石头的虚名，专门寻求旧石。听说某名园的某峰石，曾被某名人题咏，从某代流传至今，是真正的太湖石，现今那个名园已经废弃不用，某峰石想要高价卖出，不吝惜金钱的人买作古董玩赏还行。又有一些人，只要听说是旧石就出高价购买。太湖石，自古至今爱好的人多，开采的也多，好像已经很少了。如果其他山有这类石头，没开采过，可以选择其中透漏的、青骨的、质地坚硬的加以开采，未必比太湖石差。石头从古至今露在风中，什么叫新的？什么叫旧的？虽然开采石头，只要支付搬运和人工装载的费用，但运到园林中要花多少钱？我听说一块名叫"百米峰"的石头，询问它的价格是花一百石米而得到的，因此而得名。现今如果要拿一百石米换它，再花费一百石米的搬运费，又得叫"二百米峰"啦。凡是石头，裸露在风中就旧，刚出土就新，虽然有土的颜色，但是经历雨露后，也成旧石头了。

锦川石：斯石宜旧。有五色者，有纯绿者，纹如画松皮，高丈余，阔盈尺者贵，丈内者多。近宜兴有石如锦川，其纹眼嵌石子，色亦不佳。旧者纹眼嵌空，色质清润，可以花间树下，插立可观。如理假山，犹类劈峰。

释义：这种石头以旧的为宜。其中有五色的，有纯绿的，纹理像画的松树皮，高一丈多，宽盈一尺的就珍贵，一丈以内的较多。近来宜兴产石有像锦川石的，它的纹理和孔眼上像有石子嵌入，色泽也不好。旧石的纹理和孔眼都嵌空，色泽质地清润，可以插立在花间树下观赏。如用它来堆叠假山，就像劈开的山峰一样。

花石纲：宋"花石纲"，河南所属，边近山东，随处便有，是运之所遗者。其石巧妙者多……有好事者，少取块石置园中，生色多矣。

释义：宋代的"花石纲"，散布在河南毗连山东的边境附近，随处都有，是当年运石头所遗留下来的。这种石头形态巧妙的较多……有喜欢山石的人，略取几块放在园中，园林景色就生动多了。

六合石子：六合县灵居岩，沙土中及水际，产玛瑙石子，颇细碎。有大如拳、纯白、五色者；有纯五色纹者；其温润莹彻，择纹彩斑斓取之，铺地如锦。或置洞壑及流水处，自然清目。

释义：六合县灵居岩，沙土中和水边，出产玛瑙石子，石子很细碎。有大的像拳头、颜色为纯白、有五色花纹的；有纯五色花纹的。它温润晶莹透彻，选择其花纹斑斓的取出，铺在地上犹如锦缎。或者放在水涧沟壑和水流湍急的地方，自然清新养眼。

5. 明·张应文《清秘藏·论异石》

余向蓄一枚，大仅拳许，峰峦叠起，绝无斧凿痕，极玲珑可爱，乃米癫故物，转入松雪斋，复转入余手。复一枚，长有三寸二分，高二寸六分，作虎丘剑池，亦不假椎凿而成。一为好事客易去，令人念念耿耿。

释义：以前我收藏了一块石头，仅仅拳头般大小，峰峦叠起，绝对没有斧凿的痕迹，非常精巧可爱，是米芾遗留的石头，辗转流传到了赵孟頫的手上，又辗转流传到了我手中。又有一块石头，长有三寸二分，高二寸六分，像虎丘剑池的模样，也是不假椎凿而成。有一块被好石之人换走了，真是让人念念不忘、耿耿于怀。

6. 清·椿园氏《西域闻见录》

大者如盘如斗，小者如拳如栗子，有重三四百斤者，各色不同，如雪之白，翠之青，蜡之黄，丹之赤，墨之黑者，皆上品，一种羊脂朱斑，一种碧如波斯菜而金色透湿者，尤难得。

释义：大的像盘、斗那么大，小的像拳头、栗子那么小，有的重三四百斤，颜色也不同，白者像雪，青者如翡翠，黄者如蜡，红者如丹，黑者像墨，都是上品。有一种羊脂红斑的，一种碧绿像波斯菜而金色透湿的，尤其难得。

7. 清·李渔《闲情偶寄》

言山石之美者，俱在透、漏、瘦三字。此通于彼，

彼通于此，若有道路可行，所谓透也；石上有眼，四面玲珑，所谓漏也；壁立当空，孤峙无倚，所谓瘦也。然透、瘦二字在在宜然，漏则不应太甚。

释义：说到山石的美，全在"透"、"漏"、"瘦"三个字上。彼此相通，好像有道路可走一样，叫做"透"。石头上有眼，四面玲珑，叫做"漏"。当空直立，独立无依，叫做"瘦"。但是"透"和"瘦"这两个字，每块山石都应该这样，"漏"就不能太过分。

第九章

诗美石韵

在有情人眼中，无言而冰冷的奇石不仅有特征，亦有神态和表情。正所谓"景与情通，情景交融"。而以珠玑之语以言志的诗者，则将自己的意绪和境界完全托付给有灵的"石兄"，他们的石诗有意、有味、有音、有象、有韵。

一、唐诗咏石

1. 唐·杜甫①《石笋行》

君不见益州城西门，陌上石笋②双高蹲。

古老相传是海眼，苔藓蚀尽波涛痕。

雨多往往得瑟瑟，此事恍惚难明论。

恐是昔时卿相墓，立石为表今仍存。

惜哉俗态好蒙蔽，亦如小臣媚至尊。

政化错忤失大体，坐看倾危受厚恩。

嗟尔石笋擅虚名，后来未识犹骏奔。

安得壮士掷天外，使人不疑见本根。

注释：

① 杜甫（712～770 年），字子美，号少陵野老，一号杜陵野老、杜陵布衣，生于河南巩县（今河南巩义）。

② 石笋是成都古城的一处遗迹。晋代（公元 4 世纪至 5 世纪左右）的《华阳国记》中，就有了记载，据说当时成都共有石笋三株。到了唐代（公元 8 世纪左右），石笋只剩下了两株。杜甫的描绘是："成都子城西金容坊有石二株，挺然耸峭，高丈余。"成都所在的川西平原，是由岷江、沱江及其支流冲积而成的平原，这样高耸的石笋自然就成了人们神奇附会的对象。在唐代，民间流传最广的说法是石笋底下有"海眼"，传说如果有人搬动了石笋，那么洪水就会从"海眼"中冲出来，毁灭整个成都。杜甫是不相信这种说法的，所以他写了这一首《石笋行》，他推测石笋可能是古代卿相坟墓前面的标记，希望有壮士能将它掷到天外去，来破除这个迷信。可是雨后会从石笋下面冲出一些碧珠，杜甫也认为难以解释。

2. 唐·苏味道①《咏石》

济北②甄神贶③，河西濯④锦文。

声应天池雨，影触岱宗⑤云。

燕归犹可候，羊起自成群。

何当握灵髓，高枕绝嚣氛。

注释：

① 苏味道(648～705年)，初唐政治家、文学家，唐代赵州栾城(今河北石家庄栾城)人。

② 济北，禅林对唐代临济宗开祖义玄禅师之称号。义玄曾于大中八年(854年)，住于镇州(河北正定)东隅滹沱河畔之临济院，故特称义玄为济北。

③ 甄，甄别。神贶，即神灵的恩赐。

④ 濯，通"擢"，拔引。

⑤ 岱宗，对泰山的尊称。

3. 唐·刘禹锡①《谢柳子厚寄叠石②砚》

常时同砚席，寄此感离群。

清越敲寒玉③，参差叠碧云。

烟岚余斐亹④，水墨两氛氲⑤。

好与陶贞白⑥，松窗写紫文。

注释：

① 刘禹锡（772～842年），字梦得，彭城（今江苏徐州）人，唐代中期诗人、文学家和哲学家，是王叔文派政治革新活动的中心人物之一。柳宗元曾以叠石砚相赠，刘禹锡用过后给予了很高的评价，并作此诗。

② 叠石，是产自广西柳州龙壁山的一种页岩，表面呈自然古色有光泽，层理有序，多形成山川平原景致。在唐代多用于制砚。

③ 寒玉，一种玉石，也称硬玉，也比喻清泠雅洁的东西或人的容貌清俊。

④ 斐亹，即文采绚丽貌，寓为美。

⑤ 氛氲，指浓郁的烟气或香气。

⑥ 陶贞白，指陶弘景，他的谥号为贞白先生。

4. 唐·杜牧①《题新定八松院小石》

雨滴珠玑碎，苔生紫翠重。

故关何日到，且看小三峰。

注释：

① 杜牧(803 ～ 852 年)，字牧之，号樊川，晚唐著名诗人。擅长五言古诗和七律。此诗意境很美，说雨滴像珠宝一样落下碎开，青苔生长得像紫翠石一样。什么时候才能回到故乡呢？暂且看看小三峰罢。

二、宋明石诗

1. 宋·文同①《咏石五首》

山堂前庭有奇石数种，其状皆与物形相类，在此久矣，自余始诗而名之。

鹦鹉石②

静立身微耸，惊窥首略回。

何人将至此，应自陇山来。

柘枝石③

紫藓装花帽，红藤缠臂鞲。

被谁留断拍，长舞不教休。

狻猊石④

巨尾蟠深草，丰毛复古苔。

雕栏临绮席，长欲上香台。

昆仑石⑤

雨渍身如漆，苔侵面若蓝。

问时都不语，应是忆扶南。

珊瑚石⑥

海底初生处，扶疏若未全。

几时随铁网，流落汉江边。

注释：

① 文同 (1018～1079 年)，字与可，号笑笑居士、笑笑先生，人称石室先生等。北宋梓州梓潼郡永泰县（今属四川绵阳盐亭）人，他与苏轼是表兄弟，以学名世，擅诗文书画，深为文彦博、司马光等人赞许，尤受其表弟苏轼敬重。著有《丹渊集》四十卷，《拾遗》二卷。

② 鹦鹉石，为浅绿色的孔雀石。

③ 柘枝石，树枝石的一种，常见于岩石层面或节理面上，且常沿节理面转折。

④ 狻猊石，应是泛指兽状之石。

⑤ 昆仑石，专指形似一座山的刻石，也可视为刻石中的一种形式。

⑥ 珊瑚石，石玩界的珊瑚，或类似于珊瑚形状的化石。它由许多珊瑚虫的石灰质骨骼聚集而成。形状有树枝状、盘状和块状，颜色有红、黑、白等。

2. 宋·杨万里①《英石铺道中》

一路石山春更绿，见骨也无斤许肉。

一峰过了一峰来，病眼将迎看不足。

先生尽日行石间，恰如蚁子缘假山。

穿云渡水千万曲，此身元不离岩峦。

莫嫌宿处破茅屋，四方八面森冰玉。

孤峰高绝连峰低，冈者如廪尖如锥。

苍然秀色借不得，春风领入玉东西。

英州那得许多石，误入天公假山国。

注释：

①杨万里(1127～1206年)，字廷秀，号诚斋，吉州吉水(今江西吉水)人。著有《诚斋集》。其诗与尤袤、范成大、陆游齐名，并称南宋四家。其词风格清新、活泼自然，与诗相近。杨万里创作了大量有关盆景山石的诗句，如"未必真山胜假山"，"馈钉真山作假山"，"峡岭分明是假山"，"恰如蚁子缘假山"，"假山以外菊花知"，"英州那得许多石，误入天公假山国"，"双堆作假山，峰峦妙天下"，"堂后檐前小石山，一峰瘦削四峰撑"，"石峰斗起三千丈，身在假山园里行"等等。这里的《英石铺道中》仅是其中之一。在这类诗中，寄情寓理于自然景物，既能给人以启迪，又颇具意趣，充分表现了他的"活脱"。

3. 宋·陆游^①《题昆山石》

雁山菖蒲昆山石，陈叟持来慰幽寂。

寸根蹙密九节瘦，一拳突兀千金值。

注释：

① 陆游（1125～1210年），南宋诗人、词人。字务观，号放翁,越州山阴（今浙江绍兴）人。著有《剑南诗稿》、《渭南文集》、《南唐书》、《老学庵笔记》等。陆游收到一位陈姓老翁送来的盆景——昆石与雁山菖蒲，便觉得内心的孤寂得到了很大慰藉，于是有了此《题昆山石》诗。南宋曾几及元代的郑元祐、张雨等对昆山石也多有诗颂。在他们看来，昆山石之所以超凡脱俗，美得惊人，全都因为它是仙骨、仙灵的化身。

4. 明·陆君弼^①《夏日朱宪昌山人以锦石见贻》

江城初伏热如煮，兀坐空庭日当午。

开门忽枉故人书，贻我锦石五色舒。

贮之磁盘白盈尺，旋汲清泉助生魄。

翠比结绿红鞢鞴，纹如指螺莹无迹。

袅袅含姿斗水晶，粼粼照案吹寒碧。

兴来捧玩引清瞩，缛彩繁文烂相射。

昔人嗜者苏黄州②，往往齐安江上得。

宝之良与铅松同，远供参寥称怪石。

真州灵岩亦产此，小者弹丸大凫子。

雨花③虽擅玛瑙名，其质粗顽仅充砥。

君言采自灵岩山，精者齐安不足比。

礼足长供绣佛龛，灌心应借墨池水。

有时彩焰逗凤长，白昼同飞舍利光。

焉用元珠来象罔，顿教火宅生清凉。

注释：

① 陆君弼（1530～1615年），明代地方志专家。

② 苏黄州，指苏东坡。

③ 雨花，地名，雨花台。

5. 明·王世贞①《题灵璧石》

有石高仅尺，宛而巫山同。

许借从吾弟，移来仗小童。

雨垂青欲滴，云过碧争雄。

安得壶公引，轻身住此中。

注释：

① 王世贞（1526～1590年），字元美，号凤洲，又号
弇州山人，明朝太仓（今江苏太仓）人，文学家、史学家。
王世贞酷爱石，并曾异想天开地要住到一块灵璧石里面去，
可见他对这个"案上山水"喜爱到何种程度。诗中的灵璧石，
亦即书中多次提到的凝天地之精气、聚日月之光华，以其
瘦、漏、透、皱、丑俱备而名扬天下的奇石。中国民间自
古以来赏石、玩石、藏石的雅趣十分流行，许多文人墨客
对奇石情有独钟，赋诗作词深情地吟咏这些大自然鬼斧神
工的"作品"。《题灵璧石》亦为其中一例。

6. 明·袁宏道① 《三生石②》

此石当襟尚可扪，石傍斜插竹千根。

清风不改疑圆泽，素质难雕信李源。

驱入烟中身是幻，歌从川上语无痕。

两言人妙勤修道，竺院云深性自存。

注释：

① 袁宏道（1568～1610年），字中郎，号石公，明朝湖北公安长安里人，与兄袁宗道、弟袁中道并有才名，人称"三袁"。作品集有《潇碧堂集》二十卷，《潇碧堂续集》十卷，《瓶花斋集》十卷，《锦帆集》四卷，《去吴七牍一卷》，《解脱集》四卷，《敝箧集》二卷，《袁中郎先生全集》二十三卷，《（梨云馆类定）袁中郎全集》二十四卷，《袁中郎全集》四十卷，《袁中郎文钞》一卷等。

② 三生石，位于杭州三天竺法镜寺后之莲花峰东麓，该石高三丈许，由三块天然石灰岩组成，石上镌刻"三生石"三个篆字及《圆泽和尚·三生石迹》的碑文，记述唐代李源与高僧圆泽禅师相约来世相见的故事。

三、清风览石

1. 清·赵翼①《题扬州九峰园②》

九峰园中一品石，八十一窍透寒碧。

传是老癫③昔所遗，其余八峰亦奇辟。

注释：

① 赵翼（1727～1814 年），字云崧，一字耘崧，号瓯北，阳湖（今江苏常州）人，诗人、史学家。乾隆二十六年（1761 年）进士，存诗四千八百多首，以五言古诗最有特色。有诗集五十三卷及《瓯北诗话》，史学著作《廿二史札记》等。

② 扬州九峰园，乃清代乾隆年间盐商汪氏别墅，在南门外古渡桥旁（其遗址为今荷花池公园）。此园本名南园，因为乾隆要到扬州巡游，园主费重金在江南购得湖石置园中。这九峰园中之奇石，大者逾丈，小者及寻，玲珑嵌空，状态各异。据载：峰石中，"其洞穴大者可蛇行，小者仅容蚁聚，名曰'玉玲珑'，又名'一品石'"。《图志》云，此石相传为海岳庵中旧物。

③ 老癫，指米芾。

2. 清·郑燮^①《石图》

扫净浮云洗净烟，为君移置案头前。

吃烟莫漫来敲火，峭角圆时最可嫌。

注释：

① 郑燮（1693～1766年），字克柔，号板桥、板桥道人，江苏兴化人，祖籍苏州，清朝官员、学者、书法家。"扬州八怪"之一。其诗、书、画均旷世独立，世称"三绝"，擅画兰、竹、石、松、菊等植物。著有《板桥全集》。历代画家多画太湖石，郑板桥则喜画黄石（黄石以常州黄山、苏州尧峰山、镇江圌山为著名产地。扬州个园秋山、上海豫园大假山、苏州耦园假山，就是以黄石叠山之佳例）。黄石雄浑朴茂，秀峭崚嶒，板桥不仅喜画，且有题画诗，此即其中一首。

3. 清·曹雪芹①《题自画石》

爱此一拳石，玲珑出自然。

溯源应太古，堕世又何年？

有志归完璞，无才去补天。

不求邀众赏，潇洒做顽仙。

注释：

① 曹雪芹（1715～1764年），名霑，字梦阮，号雪芹、
芹圃、芹溪，清代著名作家，著有旷世大作《红楼梦》。曹
雪芹多才多艺，不仅是著名大作家，且工诗善画，尤其好画
石，多借画石来抒发自己胸中不平之气。曹雪芹一生性格傲
岸，愤世嫉俗，他笔下的石头可以看做是他的傲骨性格的映
射，"有志归完璞"，表达了返璞归真的思想。正如鲁迅所说：
"曹雪芹生于荣华，终于零落，半生经历，绝似'石头'。"

4. 清·陈洪范①《题英石》

问君何事眉头皱，独立不嫌形影瘦。

非玉非金音韵清，不雕不刻胸怀透。

甘心埋没苦终身，盛世搜罗谁肯漏。

幸得砑砑②磨不磷，于今颖脱出诸袖。

注释：

① 陈洪范（1863～1927年），字觊周，号禹钵，曲阳西泉头村人，晚清至民国年间的文人书画家，善画梅兰，尤长兰草。陈洪范这首七律，赞颂的是英石的"皱、瘦、透、漏"四大特色。自清代以来，英石一直被世人列为全国四大园林名石（英石、太湖石、灵璧石、黄蜡石）之一。诗篇以英石自喻，清高之气跃然于纸上。

② 硁硁，此处指理直气壮、从容不迫的样子。